新版
動物の社会
社会生物学・行動生態学入門

新版 動物の社会
社会生物学・行動生態学入門

伊藤嘉昭 著

東海大学出版会

Animal Societies: An Introduction to Sociobiology/ Behavioral Ecology

Yosiaki Itô
Tokai University Press, 2006
Printed in Japan
ISBN4-486-01737-4

初版まえがき

　この本は，生物好きの高校生，大学教養部学生，動物社会に興味をもつ一般読者を対象として，新しい動物社会学の観点から，動物の社会生活を展望したものである．一読をされると，内容がこれまでの動物の社会生活に関する普及書と随分違うことがわかると思う．

　じつは6年前の1982年，私は東海科学選書の一冊として『動物の社会行動』を上梓している．昆虫から霊長類にいたるさまざまな動物社会の構造とかれらの社会行動を紹介することが同書の1つの目的であった．しかし私は，それだけでなく，当時英語圏でその地位を確立し，ようやく日本にも上陸しつつあった社会生物学ないし行動生態学（イギリス人は後者の呼び方を好む）の考えを紹介することも目指した．当時すでに少なからぬ若手の研究者がこの新しい流れを理解し，研究者を対象とした紹介や考察もいくつか出始めていたが，一般向け単行本としては，この本が日本で最初のものであった〔この本の発行はクレブス・デイビスの教科書『行動生態学を学ぶ人に』（城田・上田・山岸共訳，蒼樹書房）の原書発行の翌年のことである〕．幸いにこの本でこの新しい研究方向の定着をすすめ，1983年から3年間行われた文部省科学研究費特定研究「生物の適応戦略と社会構造」の発足にも多少の刺激となったと思う．

　しかし，社会生物学の学説が与えた衝撃によって世界の各地で爆発的に行われた野外調査の報告は，その後わずか数年間にも莫大な数にのぼった．そして日本でもたくさんの，十数年前には専門家も考えなかったような，興味ある社会行動が発見された．一方，その当時は国際的にも不明確であったいくつもの理論的観点が明確にされ，また私自身の社会生物学への理解もこの6年間に進んだ．私が同書で提起した疑問，すなわち生物学の問題としての競争と順位制への過大評価と，これらの学説の人間社会への安易な適用の危険を，私は依然として抱いているが，いまは社会生物学の中心的理論である包括適応度・血縁淘汰説と進化的安定戦略理論が社会進化を正しく理解するために避けられぬ前提であることは確言できる．

　このようなわけで，『動物の社会行動』の使命はもう終わっており，全面的な改訂をせねばならないと思い始めた矢先，幸いにも東海大学出版会が新しい本の出版を承知してくださり，前著の相当部分を組みこみつつも，新しく書き下ろすことができることとなった．

この本でも独自の社会進化を辿った節足動物の社会の記述から，鳥類，哺乳類の社会へとすすみ，最後に人間に最も近い霊長類の社会を取り扱うという『動物の社会行動』の構成はほぼ踏襲したが，そのなかで私が，社会生物学の中心命題と考える包括適用度と血縁淘汰，性淘汰と性比理論，進化的安定戦略はもれなく解説しつつ動物の社会進化を考える構成をとった．このうち性淘汰・性比理論および進化的安定戦略は前著ではふれなかったものである．動物のおもなグループの社会を紹介しながら，おもな理論を解説するという二本だての構成によって，読者は本書をこれから専門書に進んで社会生物学の勉強を始めるための入門書とすることもできるし，それらの理論に必ずしも興味がなくとも，本書を動物のさまざまな社会行動の紹介としても読むことができると思う（ただし魚類，両生類，爬虫類の生活は独立させずに各関連項目のなかに入れた）．読者が本書に書かれたような動物社会観——これまでの日本の普及書の記述と随分違っている——を批判することはもちろん自由であるが，世界で大きな影響をもつにいたり，最近では欧米の一般向けテレビ動物番組などもこの流れに従ってつくられつつあるこれらの考えをまず知ることは，必要なことであろう．

なお本書のなかでは日本の新しい研究をなるべく多く引用した．その研究者名が「××大学大学院生（当時）」などとなっていて現職を記していない場合は，執筆の時点でかれらが無職なことを示す．ここで書いたような研究はまだ広く認知されておらず，就職もほとんどない．本書がその認知にいくらかでも役立てば幸いである．

私が社会生物学の理論をなんとか理解できるようになったのは，名古屋大学にきて間もなくの冬，大学院生・学生と始めた，難解で苦労だったハミルトンの論文（1964）の自主ゼミと，それに続くクレブス・デイビスの"Behavioural Ecology"のゼミからのことである．参加者たちに感謝したい．また，ここ数年間，新文献の教示，難解な理論の解説，そして間違いの指摘などで私を助けてくれた若い研究者達，なかでも巌佐庸，粕谷英一，椿宜高，山村則男，日比野由敬の各氏に感謝する．山村則男，粕谷英一両氏には第3，4，5章の内容の一部を雑誌『インセクタリウム』に解説したときに原稿を読んでいただき，助言を受けた．粕谷英一氏には今回も全文の，長谷川真理子氏には霊長類の社会および子殺しの項を読んでいただいた．最後に，『動物の社会行動』上梓のとき以来大変お世話になってきた東海大学出版会の本間陽子さんにもあつくお礼申し上げる．

新版へのまえがき

　社会生物学は1979年代に登場した全く新しい分野であり，ごく最近――80年代と90年代に，すごくたくさんの重要な業績が，おもに若手の人達によって発表された．本書の原版の初版原稿を書いたのは1984〜6年頃だが，そのときは本書で設けた章の範囲内の重要な業績の大部分は入れたと思う．幸い1993年に改訂版を作れることになったが，このときはページを変えぬ範囲でしか改定が出来ず，また私が名古屋大学退職間近で忙しく，不勉強だったためもあって，重要な進歩をちゃんと取り入れないでしまった．

　1987年以来20年近くのあいだに日本でもこの分野の研究者は大増加し，とても良い総説集がいくつも出版されたが（文献リスト中の日本人編集で編集者名がゴチックになっている本），この入門書以外のテキストは出なかった．学生諸君の世界への飛躍のためには総説集だけでなく，専攻生・院生用のテキストを出すことが不可欠だと思うのだが，私も75歳になり，この仕事の中心は中堅の研究者たちにゆだねるべきであろう．こう考えて新しい，やや大きなテキストの発刊を東海大学出版会にお願いしたところ，「出版は考慮したいので執筆者を考えてほしい．しかしそれの完成までには数年かかるだろうし，入門書もあったほうが良いだろうからこの本の改訂もしてほしい」とのことだった．そこで（年齢をかえりみず）作成してみたのがこの版である．

　これは生物好きの高校生や学部生を対象と考えた本で，関係する全分野について重要な新業績を充分入れることはもちろん出来なかったが，内外の重要な本は紹介し，動物のオスの美しさをめぐる新説，無核精子など以前触れなかった精子競争の問題，雌による隠れた選択などの説明は，ある程度新しく出来たと思っている．最後には社会生物学を考慮しつつ行われた最近の人間社会研究の例も入れた．

　前版では高校生も対象とした入門書だということを意識して引用文献リストを作らず，参考書の羅列にとどめたが，今回は原則として引用文献全部をリストにした．ただ，入門に役立つ本を著者名ゴチックとして示し，またそれらに出てくるいくつかの紹介文は本文中にあっても「XXを参照」と記すにとどめた．

　二人の若手研究者，おもに鳥を研究している立教大学の山口典之さんとおもに魚を研究している福井県立大学の小北智之さんは原稿の一部を校閲され，意

見を言ってくださった．お礼申し上げる．
　生物社会に関心を持つ学生諸君の最初の入門書として役立てば幸いである．

　2005 年 11 月

伊藤嘉昭

目　次

初版まえがき　……　v
新版へのまえがき　……　vii

第1章　社会性昆虫——ハチ・アリとシロアリの社会　……　1
1-1　子を産まないワーカーの性質はどうして進化したか？　……　1
ダーウィンの悩み
包括適応度と血縁淘汰——ハミルトンの説——
真社会性（eusocial）とは？
単数・倍数性はハチ目の社会進化を進めたか？
1-2　ハチの社会進化の経路　……　9
ホィーラーのサブソシアル・ルート
同世代共存から真社会性へ——パラソシアル・ルート
1-3　アリとシロアリの社会　……　18
アリの社会
幼虫の体液で女王を養うアリ
女王のいないアリ：アミメアリ
シロアリの社会
1-4　血縁淘汰か共同的集合か　……　22
順位制が同世代メス間の分業を導いたというパルディの考え
多女王制のハチと共同的集合説
周期的女王少数化説
残る疑問とガダカールの適応度保障機構

第2章　ハチ・アリとシロアリ以外の節足動物の社会　……　33
2-1　真社会性の発見された生物グループ　……　33
真社会性の知られた目
2-2　クモとダニ　……　34
社会性クモ類
ハダニの亜社会性
2-3　甲虫類の社会　……　37
モンシデムシなど
食材性甲虫：アンブロシャ甲虫の真社会性
2-4　兵隊をもつ寄生バチ　……　41
2-5　不妊の兵隊カスト　……　42
兵隊アブラムシの発見
2-6　アブラムシ類のその他の社会関係　……　46
虫こぶ形成場所の防衛
フシアブラムシに盗み寄生するガ
2-7　アザミウマの真社会性　……　49
2-8　テッポウエビの真社会性　……　51
補遺：血縁度の推定

第3章　性淘汰──シカの角やクジャクの「尾」はどうして進化したか？ …… 53

3-1　性淘汰 …… 53
　　ダーウィンの先見
　　オス同士の闘い──同性内淘汰

3-2　異性間淘汰──メスの配偶者選択 …… 55
　　(1)　婚姻贈呈─理由の明らかな選択・オスの貢献
　　(2)　配偶者選択──理由のわかりにくい選択
　　長い尾のオスが選ばれる：アフリカのコクホウジャク
　　害虫ウリミバエにおける配偶者選択の進化

3-3　動物のオスはなぜ美しいか？ …… 60
　　A-1.　フィッシャーのランナウェイ説
　　A-2.　ハンディキャップ説
　　A-3.　良質遺伝子説
　　3説をめぐる討議
　　B.　感覚便乗モデル
　　C.　雌雄対抗モデル（チェイスアウェイモデル）

3-4　性関係における雌雄の対立 …… 70
　　(1)　テングカワハギ *Oxymonacanthus longirostris*
　　(2)　コバネハサミムシ *Euborellia plebeja*
　　なぜオスが求愛しメスが受身なのか？
　　オスの投資が大きい種では？
　　なぜ母メスが子の世話をするのが普通か？
　　オス親の子の世話と配偶相手をめぐる競争──潜在的繁殖速度

3-5　もう1つの可能性：安全保障仮説 …… 75

第4章　精子競争：父権の確保 …… 77

4-1　精子競争 …… 77

4-2　メスの再交尾の物理的阻害──交尾栓 …… 78
　　チョウの交尾栓
　　哺乳類の交尾栓
　　精子混合と精子優占度

4-3　精子置換 …… 82
　　先夫の精子をかき出すトンボ
　　アオマツムシとキボシカミキリの精子置換

4-4　再交尾を抑制する化学的な方法 …… 85

4-5　注入精子数の増加 …… 85

4-6　産卵メスの防衛 …… 85

4-7　精子間の直接的競争と無核精子 …… 86
　　無核精子
　　カミカゼ精子

4-8　雌による隠れた選択（Cryptic Female Choice） …… 89

4-9　オスの対策 …… 92

第 5 章　ESS による行動の変化と社会関係による性比変化の理論 …… 95

5-1　ゲームの理論 …… 95
動物が闘争を控える原因は「種の繁栄」のためではない
ハト派戦略とタカ派戦略

5-2　イチジクコバチとハダカアリ：種内殺戮の ESS …… 99
ハミルトンのイチジクコバチ
沖縄のハダカアリ

5-3　縄張り防衛か空き巣狙いか …… 101
ハッチョウトンボの 2 つの戦術

5-4　サンフィッシュとイワナ：混合 ESS の例 …… 103
サンフィッシュ：縄張りオスと空き巣狙いオスの分化
日本のミヤベイワナのオスの 2 型

5-5　動物の性比はどうして決まるか？ …… 105
なぜ性比は 1：1 か？　フィッシャーの性比
寄生バチはなぜメスを多く産むか？――ハミルトンの性比
重複寄生のときの性比のゲーム
アブラムシの性比
順位の高い母は息子を産む――アカシカの性比
性比を変える生理的機構

第 6 章　鳥類の社会 …… 117

6-1　鳥類の配偶関係 …… 117
鳥は一夫一妻制

6-2　鳥のヘルパー …… 119
ヘルパーの発見
カケス類のヘルパー
ヘルパーの起源
血縁淘汰以外のヘルパーの説明

6-3　鳥の兄弟殺し …… 125
アマサギの兄弟殺し
イヌワシの兄弟殺し

第 7 章　哺乳類の社会 …… 129

7-1　社会制度のよく知られた霊長類以外の哺乳類 …… 129
一夫一妻が稀な哺乳類
なぜ一夫一妻制の哺乳類はいるのか？
有蹄類の社会
ネコ上科の社会――ライオン，マングースなど
イヌ科の社会構造

7-2　哺乳類における真社会性――ハダカモグラネズミの社会 …… 139

第 8 章　動物社会における子殺し …… 143

8-1　子殺しの発見 …… 143
ハヌマンラングール：杉山幸丸の発見

    ライオンの子殺し
 8-2 子殺し進化の要因 …… 146
    性淘汰説の登場
    ハヌマンラングール以外のサルの子殺し
    性淘汰説以外の見方
    子殺しは密度調節のために進化しうるか？
    なぜメスは防衛しないか？
 8-3 チンパンジーの子殺し …… 154

第9章　社会生物学と人間の社会──竹内久美子批判と最近の動き── …… 159
 9-1 アメリカでのウィルソン批判 …… 159
 9-2 竹内久美子による社会生物学の人間社会への悪用 …… 162
 9-3 人間の動物的遺伝と人間社会の将来：S. Hrdyと私の意見 …… 164
 9-4 新しい動き：人間心理学と社会生物学 …… 165

参考文献 …… 169
索　　引 …… 181

第1章

社会性昆虫
ハチ・アリとシロアリの社会

1-1　子を産まないワーカーの性質はどうして進化したか?

ダーウィンの悩み

　図1はアリの1種の女王と働きアリおよびミツバチの女王と働きバチ(働きアリと働きバチを使い分けないですむように以下どちらも「ワーカー」と呼ぶ)である．女王とワーカーはこのように形態が違うだけでなく，できる行動も全く違っている．女王は餌を集めに出ることができないが卵巣はすごく発達していて，ミツバチの場合1日に1000個を超える卵を産むことがあり，長命の個体は一生に10万個以上の卵を産むと思われる．一方，ワーカーは原則として繁殖できない．ミツバチのワーカーの針には返しがついていて，刺すと相手から抜けなくなり，敵を刺したワーカーは死ぬことを知っている方もあろう．最も発達した社会性昆虫の社会では，ワーカーは全く巣の発展に奉仕する存在である．

　こういうアリ，ミツバチ，それにスズメバチやシロアリのことをわれわれは「社会性昆虫」といっている．社会性昆虫というのは，同じ種の集団のなかに子供をつくることに専念し，ほとんどあるいは全く餌集めなどの労働を行わない女王(シロアリの場合は王もいる)と，少ししかあるいは全く子をつくらず主として労働を行うワーカーとの分化がみられる昆虫のことである．

　このような分化のことを「繁殖に関する分業」と呼び，それぞれを担う個体を繁殖カスト，労働カストと呼ぶ．

　いいかえれば，社会性昆虫というのは，多少ともカストに分化した社会をもった虫のことをいうのである(もっと正確には「真社会性昆虫」eusocial insectと呼ぶ．カストのない種だって求愛に始まり縄張りや順位を含む社会生活を営んでいるのだから，この呼び名のほうが正確で，以下これを使う)．

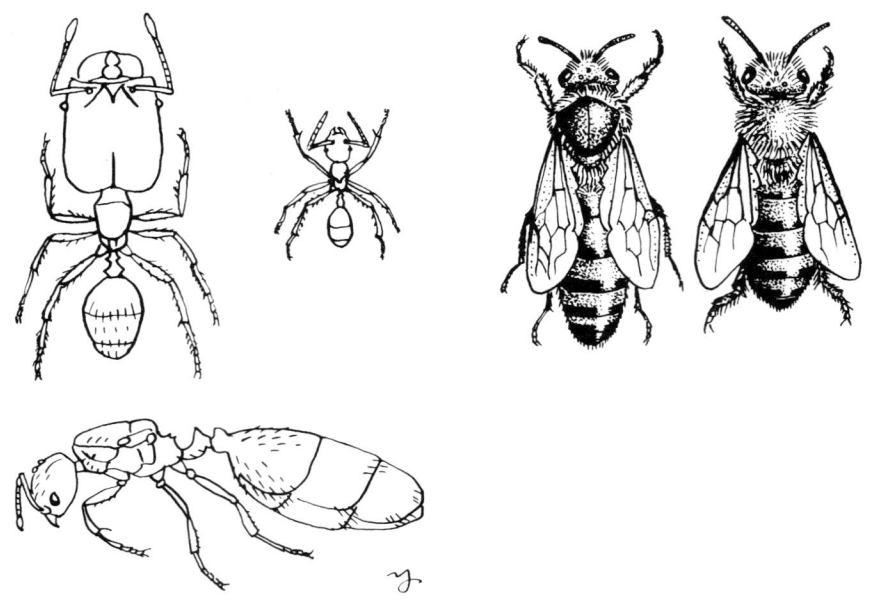

図1　左：オオズアカアリの1種 *Pheidole tepicana* の女王（下：すでに翅は脱落している），大型ワーカー（左：いわゆる兵隊アリ）および小型ワーカー（右）（ホィーラー『昆虫の社会生活』の図から描く）．右：ミツバチの女王（左）とワーカー（右）．

　では，繁殖をしない労働カストはカストのない昆虫からどのようにして進化したのだろうか？

　じつはこれは，1859年『種の起原』を著して生物進化論を確立したダーウィン（C. Darwin）を悩ませた謎であった．

　ダーウィンの進化論では，生物はたくさんの子をつくるが，繁殖できる齢まで生きられるものは，そのうちわずかでしかない．大部分の子は死んでしまう．ところがその子のなかに生活のために他の個体より有利な性質をもった変異体がまじっているなら，それらは良く生きのび，よけいの子を残せるであろう．こうしてその変異は次第に個体群中に広がり，やがでこの性質をもつ個体ばかりとなるであろう．そのなかにこの有利な性質を一層進めた変異体が現れれば，変異はさらに進む．これが進化である．このように，自然に起こる変異（こんにちでは突然変異）と，それをふるい分ける自然淘汰（自然選択）とによって進化が進むというものであった．

では，子をつくらないで働く，ワーカーの性質はどうして進化できたのか？ダーウィンは『種の起原』の第7章「本能」で，これが「はじめ私にはとても克服できないもので，実際に私の全学説にとって致命的であると思われた」といっている．

驚くべきことに，ダーウィンは真の説明に近い所にいた．彼は「選択は個体とともに家族にも作用しうる」と述べ，「ウシの育種家は肉と脂肪が十分に大理石模様となっているのをよしとする．そうなっていた動物は屠殺されてしまっているわけだが，育種家は確信を以てそれの属する家族に注目する」（岩波文庫版『種の起原』中巻89ページ）と書いたのであった．

しかしこの文章のあとで，ダーウィンは「（兵隊アリなどいくつもの型のワーカーをもつことが）その社会にとりもっと有用であるために，それらを産出する親に自然選択が働くことによってますます数多くつくられるようになる」とも書いた．だが「社会にとって有用」だとなぜ「親に自然選択が働く」のだろう？　この点ダーウィンの論議は明確でない．さすがのダーウィンも逡巡したようにみえる．

その後100年近く，議論はこのダーウィンの逡巡した地点に立ち止まってしまった．「個体にとっては悪い性質でも種の繁栄のために役立つなら残る」という「種の繁栄」をもとにする議論が，ずっと幅をきかせてきたのである．しかし，現代進化学説を認めるならば，上のようなすじ道を考えることは困難である．

有名な統計学者のR. A. Fisherをはじめ，何人かの人が，戦前にこの難問を解こうとする先駆的な試みをしかけた．しかしそれらは早すぎて評価もされず発展もしなかった．科学界をゆるがす明快な解決で事態を前進させたのは1964年，イギリスのハミルトン（W. D. Hamilton, 図2）の論文が出たときのことである．

包括適応度と血縁淘汰——ハミルトンの説——

個体を念頭におくと，ある遺伝子型をもつAという個体がその性質をより多くの子孫に伝えてゆくためには，その個体が次世代に自分より多い数の，繁殖できるまで生きた子を残さねばならない．1匹の親当たり，どれだけの繁殖可能な子ができるかを繁殖成功度（reproductive success）といい，また適応度（fitness）ともいう．適応度が1より大きくなければある性質は進化しない．ところが典型的なワーカーは子をつくらないのだから，適応度はゼロである．

図2　甲虫ムクゲキノコムシを調査中のW. D. Hamilton教授（オックスフォードにて）.

　Hamiltonは個体Aのもつ性質に関与する遺伝子は，Aだけがもっているわけではないことに気がついた．

　かれは進化にかかわるのは個体の子の数ではなくて，じつは遺伝子の頻度であることに注目して，この適応度の概念を拡張したのである．たとえば姉が結婚しないで，そのかわり妹に毎月仕送りして，たくさん子を産んで育ててもらったとしたら（このように自分の適応度を減らして他人の適応度を増やす行為のことを「利他行為」と呼ぶことにする），その子たちのなかには（祖父・祖母が同じだから）ある性質が姉に似たものもいるはずである．もし妹の育て上げる子の数が十分多ければ，姉のもつある遺伝子は子孫に増えてゆくであろう．

　しかし妹は一卵性双生児でない限り，姉と全く同じ遺伝子の組み合わせではない．人間の場合，姉のある遺伝子が母に由来する確率も父に由来する確率も（伴性遺伝の場合を除くと）1/2である．そしてそれらが母に由来する場合，妹が同じ遺伝子を母からもらう確率は（姉も妹も母の対になった染色体の片方をでたらめに選んでもらうので）1/2．これは父に由来するときも同じなので姉と妹が親からくるある遺伝子を共有する確率は $1/2 \times 1/2 + 1/2 \times 1/2 = 1/2$ となる．すると，姉が子をつくらず妹が人並みの子をつくったのでは不足

で，妹が平均の2倍以上余計に（自分が通常つくる分をたすと3倍以上）子をつくらないと，この性質は子孫に広がらない[1]（本書では「以上」という語を"more than"の意味で使っている.「2倍以上」は古典的日本語では2倍を含むが，本書の用法では含まない.）

$$I = W_{0A} - \Delta W_A + \Sigma \Delta W_i r_i$$

包括適応度 I は上の式で表される．W_{0A} は個体Aがなんの社会関係もないときに残せる子の数——適応度——である．$-\Delta W_A$ はAがその社会的行為を通じて失う適応度（利他行為だからマイナス），そして ΔW_i は i 番目の個体がAの行為によって増やす適応度の増加分である．r_i はAと i 番目の個体とが祖先からくる遺伝子を共有する確率で血縁度（coefficient of relatedness）と呼ぶ．その計算法は先の同父母姉妹の場合と同じで，異父姉妹だと0.25（父を共有しないので $1/2 \times 1/2$ だけ），いとこだと0.125，母と娘は0.5である.

先の式で2匹間の関係だけを問題とし，W_{0A} を1とし，$-\Delta W_A$ を $-C$ と書き，相手（B）の適応度の増分 ΔW_B を B，AB間の血縁度を r とすると，

$$Br - C > 0,$$

すなわち

$$B/C > 1/r$$

でないと利他行為は進化しえない．同父母兄弟姉妹なら $1/r = 2$ で，妹の適応度の増分が2倍以上であることが必要だが，いとこなら8倍以上が必要だということになる．そして血縁のないものを助けても何の得もないので，そんな性質は進化できない.

なおここで r とは同じ遺伝子をどれだけもっているかではなくて，「祖先からくる遺伝子を共有する確率」であることに注意してほしい．たとえば目の黒

---

[1] なお，子をつくらないという性質の場合，遺伝子は「それをもっているものは子をつくらないで働け」というものではなくて（これだったらそれをもつ妹も子をつくれない），「ある条件下では（たとえばアシナガバチでは春に生まれたら）子をつくらないで働け，他の条件下（夏生まれたら）では子をつくれ」という条件付きの遺伝子でなければならない.

い父と目の青い母の子たちが目を黒くする遺伝子を兄弟で共有する確率である．「人間とチンパンジーとでさえ 90％以上の共通の遺伝子をもっているから血縁度などとはナンセンスだ」という俗論は間違っている．

　真社会性昆虫のコロニーは普通 1 匹のメス（シロアリでは 1 つがいのオス・メス）とその子たちからなる．だからワーカーは血縁者を助けているのである．

　こうして Hamilton の説では自然淘汰は自分の残せる子だけでなく血縁者の残せる子というバイパスを通じても働いている．このようなバイパス経由の淘汰のことをイギリスの Maynard Smith は「血縁淘汰」(kin selection) と呼んだ．

　利他行為は真社会性昆虫のワーカーだけでなく，高等動物にもみられる．たとえば捕食者であるタカが近づいてくるのをみた鳥が警戒の声を上げ，その付近にいる仲間も逃げだしたとしよう．最初に鳴いた鳥がそれによって損をしなければ利他行為とはいわない．しかしそれによって敵に見つかり，殺される確率が増すのにそれをしていれば利他行為である．これまではこれも「種の繁栄」で説明されていたが，この考えでは，自分は利他行為をけっしてせず，他個体が鳴いてくれたときには逃げるという遺伝子をもつ個体のほうがどうして増えないのか説明できない．Hamilton の包括適応度・血縁淘汰説によってはじめて，動物の利他行為一般が現代進化論で説明できるようになったのである．

　Hamilton が包括適応度説を考えたとき，彼のいたロンドン大学の先生がたはこれでは博士号は出せないといったそうである．しかしブラジルでの 1 年の職を得るためにかれは急いで論文を書き，これが生態学を変えることになったのだった（文献表中のハミルトン自伝，1991 をみよ）．

真社会性 (eusocial) とは？

　この言葉をひろめた E. O. Wilson (1975) の用語集（邦訳『社会生物学合本版』1999 の 271 ページ）では「個体が次の三つの条件すべてを示すような条件または集団：(1) 子の保護における協同，(2) 繁殖に関する分業，すなわち多少とも不妊の個体が繁殖個体を助けて働くこと，(3) コロニーの労働が可能な発育段階の少なくとも 2 世代にわたる共存」とある．現在 (1) には給餌等子への直接の世話がなくとも巣やすみ場所の防衛だけでも「協同あり」としている．大切なのは (2) で，「多少とも不妊の個体」の存在が真社会性の最も重要なメルクマールである．

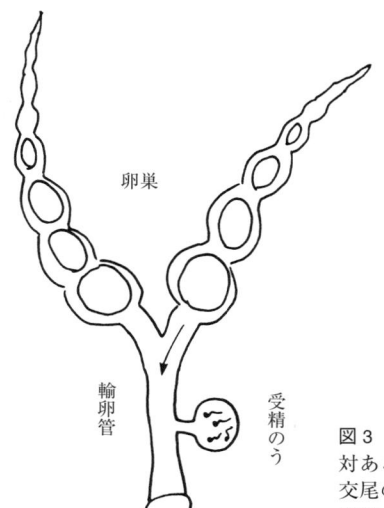

図3　昆虫のメス生殖器．受精のうは1対ある種も多い．また受精のうのほかに交尾のうのある種も少なくない（77ページ図42参照）．

単数・倍数性はハチ目の社会進化を進めたか？

　真社会性は20数目（もく）の昆虫のうち最近まで2つの目だけ，シロアリ目で1回，ハチ目（膜翅目）で11回進化したと考えられていた（いまではカメムシ目ほか昆虫の3目でも進化したとされる）．Hamiltonはハチ目でなぜこんなに頻繁に真社会性が出現したかを，血縁度から説明しようとした．

　ハチ目は単数・倍数性（半・倍数性ともいうがこのいいかたは不正確）という特殊な性決定様式をもっている．昆虫の大部分は図3のようにメスの腹の中に受精のうという袋があって，交尾して得た精子はいったんここに蓄えられる．そして卵が産まれようとするときに精子が受精のうから放出され，受精が起こる．ところがハチ目では受精して2倍体となった卵からはメスが生まれ，受精しない1倍体の卵からはオスが生まれる[2]．そしてメスは産卵のとき受精のうを開くか開かないかを決め，子の性比を自分で調節できる（ハナバチなどでは

---

2) 受精卵からメス，不受精卵からオスが生まれることを雄性単為生殖（arrhenotoky）という．ハチ目の単数・倍数性はこれによる．これ以外に，オスも受精卵から生じ，最初2倍体だが発生のある時期に父親からきたゲノムが消失してしまう父性ゲノム消失（paternal genome loss: PGL）という単数・倍数性がある．後者の場合は消失の時期によって近親交配の害の出方が異なり，発育が相当進んでから消失する場合には害が出る．カイガラムシ，ハダニの一部（ハダニには雄性単為生殖もある）などにみられる（ただしPGLには成体までオスも倍数体でオスの遺伝子が子に行かないだけのものもあって，これを単数・倍数性に含めない人もいる）．

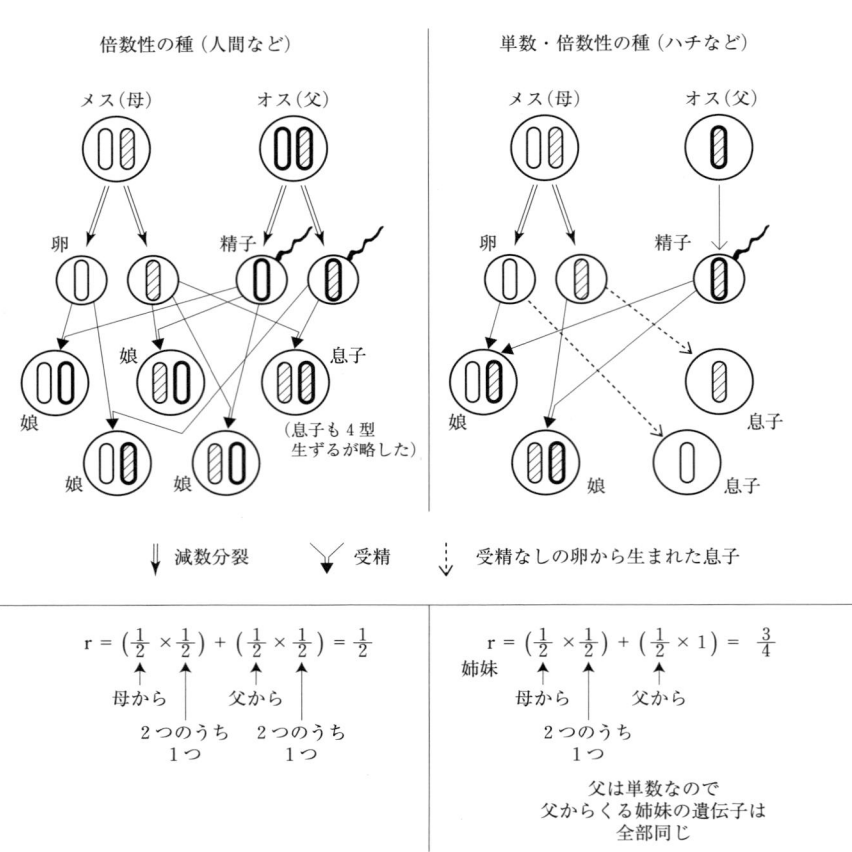

図4 倍数性および単数・倍数性の種の性決定と血縁度計算の模式図．倍数性種では娘も息子も母および父から片方の遺伝子を受け取る．兄弟姉妹が同一の遺伝子を受け取っている確率は1/2．単数・倍数性種では母の遺伝子セットの半分と父の全遺伝子セットが娘に行くので姉妹が同一遺伝子をもつ確率は3/4．息子は遺伝的に父をもたない．

産卵の瞬間をよくみているとわかる——メスのときは時間が長い——そうである）．

図4右のようにオスは不受精卵から生まれるから，もっているのは母親のゲノムの片方だけである．一方，メスは母親のゲノムの半分と父親のゲノム全部を受け取る．母親のゲノムは2つに分かれて娘に行くので，姉妹は母親の同じゲノムを1/2の確率で共有しているが，父親のゲノムは全部共有している．前述の計算をすると姉妹間の血縁度 r は $1/2 \times 1/2 + 1/2 \times 1$，すなわち3/4と

なる（姉弟間は父の遺伝子がかかわらないので1/4）．一方，母親と娘のあいだの血縁度は1/2である．すると娘にとっては自分で繁殖して血縁度1/2の娘を産むよりも羽化した巣に残って血縁度3/4の妹をたくさん育て上げたほうがよい——これがハチ目で特に真社会性が進化した原因ではないか，とハミルトンは考えたのであった．

しかし，この説が成り立つためには女王は1匹のオスとだけ交尾していなければならず，また1つの巣に複数の女王がいてはならない．この条件は必ずしもかなえられていないことがわかってきた．ハミルトン自身もこの説明のみでなくいろいろなメカニズムが働きうると考えているようだ（Hamilton, 1987 と彼自身がこれの再刊につけたまえがき— Hamilton, 2001 参照）．

ただし血縁度が高いものを助けるほうが社会進化にとって良い，という血縁淘汰の原則は変わらない．そしてまた，単数・倍数性は，他の面でも社会進化を助けている．それはオスが1倍体なので普通劣性である有害遺伝子をヘテロでもつことがなく，その遺伝子を受け取ると必ずその害が出るので近親交配の害が減少することである（近親交配の害の1つはヘテロに保有されている有害遺伝子をホモにしてその所有者を殺したり，適応度を下げることにある）．すると動物は近親交配を避けるため遠くへ飛んだりしないでよい．実際にハチ・アリには近親交配するものが多いが，これはコロニーメンバーの血縁度を高め，利他性の進化を有利にするだろう．

1-2　ハチの社会進化の経路

ホィーラーのサブソシアル・ルート

生物社会の進化を考えるとき，2つのことを区別しなければならない．それは進化経路と進化要因である．前者はどういう中間的な社会関係を経由してミツバチのような社会が出てきたかであり，後者はそのような進化の道がどうして自然淘汰のなかで実現し得たかである．前節で後者を述べた．ここでは前者，つまりハチ目の社会進化の経路を検討しよう．

この説は最初アメリカのアリ学者ホィーラー（W. M. Wheeler）によって，1923年『昆虫の社会生活』という本の中で提出された．

それによるとハチの社会進化は母親による子の保護の発展としてあとづけられる．

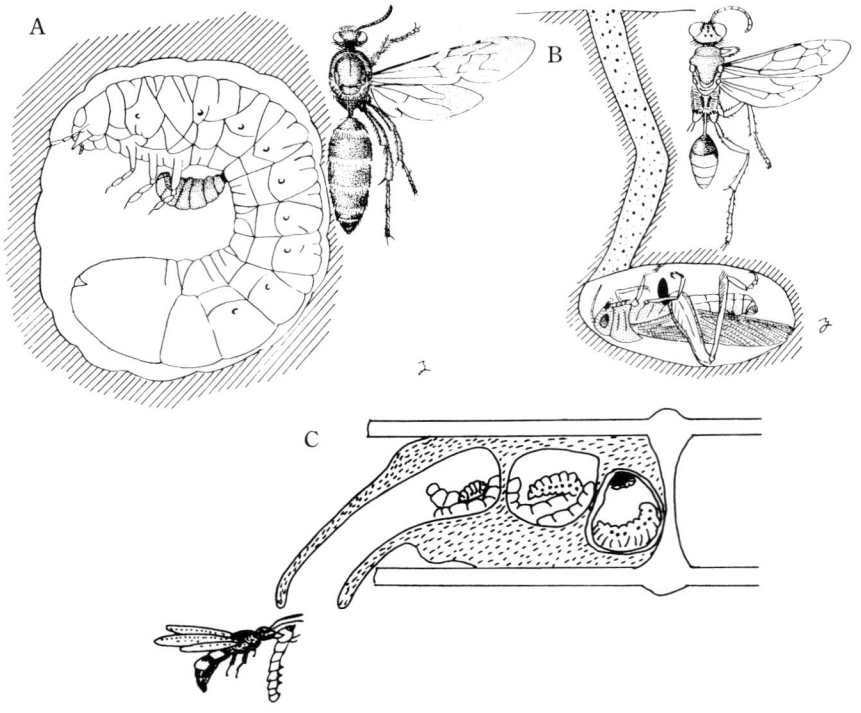

図5 ハチ目の社会進化の経路を現存種の比較からみたもの．A：コガネムシの幼虫に寄生したヒメハラナガツチバチの幼虫．母バチは地中に潜り，コガネムシの幼虫を針で刺して麻酔し，産卵するだけ．B：地中に巣穴を掘り，麻酔したバッタを入れ，それに産卵するハラアカアナバチ（一括給食：卵は本当は白い）．C：育ちつつある幼虫に餌を運び込むオオカバフスジドロバチ（随時給食）．

1) ハチの祖先はこんにちの広腰亜目（ハバチ，キバチ）のように寄主植物に卵を産みつけるだけの生活をしていた．

2) そのなかに餌を他の昆虫やクモに変えたものが生じた．すなわち寄生バチ（細腰亜目・有錐類）である．

3) 寄生バチのなかの土中の昆虫に寄生する種のなかに，産卵のとき寄主を麻酔するものが生じた．これがツチバチの仲間（以下細腰亜目・有剣類，図5-A）で，寄主が動き回るものに比較して，卵の死亡率が低くなったと思われる．

4) おそらく原始的なツチバチの仲間のなかに穴を掘ってそこに麻酔した寄

主を入れ，卵を産んでから穴の口を閉鎖するものが生じた（一括給食，図5-B）こういう生活はベッコウバチ，アナバチの仲間に多い．
5）その仲間に，餌を一度に用意するのでなく，幼虫がかえってからも餌を補給するものが現れた（随時給食，図5-C）．ここでは母が直接幼虫を世話している．しかし幼虫が蛹になる前に母は世話をやめ，他の巣をつくり始める．一部のベッコウバチ，多くのアナバチ・原始的なスズメバチの仲間のドロバチなどにみられる．
6）随時給食するハチのなかに，母があとから産んだ子の世話をしているあいだに娘バチが羽化し，母娘2世代の成虫が共存するものが生じた（母娘共存）．
7）このグループのなかに娘バチが外に出て餌を集め，巣へ持ち帰って姉妹に給餌し，母はあまり採餌に出ず産卵を続ける種が生じた．こうして母娘間の繁殖分業を基礎とする共存が始まった．最初は母も働き，娘も少しは卵を産んだが，最後には母は働かず，娘は産卵できないミツバチのような社会が出現した．

この系列の1）-4）を孤独性，5），6）を亜社会性，7）を社会性（真社会性）と呼ぶ．

このうち3）-5）への進化経路を一層詳しく，見事なモデルで示したのは岩田久二雄であった．岩田は大阪で中学教師をしながら1942年「孤独性狩りバチの習性の比較研究」と題する146ページの英文の論文（Iwata, 1942）を発表した．アメリカの有名なハチ学者エヴァンズ（H. E. Evans）がのちに「その後の研究方向を切り開いた記念碑的な業績」と呼んだこの論文によって，ハチの社会行動の比較的研究が確立したのだが，ここではその説明は省略する．

段階5に達したハチのうちアナバチ群と呼ばれるグループのなかに，幼虫の餌として昆虫でなく花粉と蜜を集めるものがでてきた．これがハナバチ上科である．段階6の典型は世界で最初に岩田によってハナバチの仲間タイワンアリハナバチ（タイワンヒメツヤハナバチモドキ）で発見された（図6）．

本種は木の枝の先に細長い穴をうがって巣をつくり，この中で子を育てる小さなハチだが，卵が孵化すると母バチはわずかずつの花粉をそれぞれの幼虫に随時給食するのである．このあいだも産卵は続き，あとから生まれた幼虫が小さいうちに早く生まれた子が羽化し，母バチと共存する．同じような性質は近縁属のオキナワツヤハナバチにもみられる．本種では娘バチが母を助ける

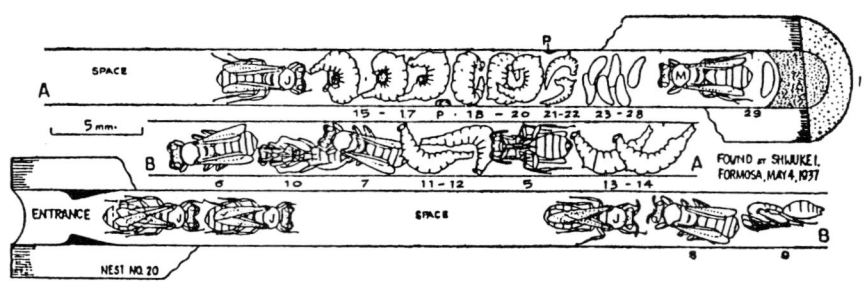

図6 タイワンアリハナバチの坑道．最奥部にいる M が母バチ，J は娘バチ，印のないのはオス，P は幼虫の食物塊．巣は大部屋式で幼虫は齢の順に配列されている．図中の数字はその個体の生まれた順序（岩田，1940 より）．

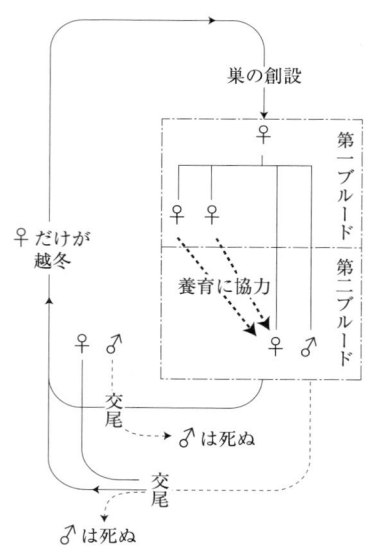

図7 温帯の真社会性のハチの典型的な生活史．秋生まれたメスとオスが交尾しメスだけが越冬し，春巣を創設する．最初の子たち（第1ブルード）はすべてメスだが，自ら繁殖せず，ワーカーになり，第2ブルードの養育に専念する．ワーカーは越冬しない．

場合もあるようである．Michener (1974) によると，オーストラリアの近縁属 *Allodapula* では羽化した娘バチが花粉採集の大半を引き受け，しかも彼女たちの卵巣は発達していなかった．これは真社会性の初期といってよいだろう．じつは親子両世代の成虫が分業なしに共存する段階6はほとんどない．共存はつねに親が繁殖，子が労働の傾向をおびていて，段階6はすぐに段階7に移行するようである（岩田，1971も参考になる）．

　昆虫食のハチの真社会性の初期段階は東南アジアにいるスズメバチ科のコシボソバチ亜科にもみられる．このハチのメスはアシナガバチのような房室のある巣をつくる．羽化した娘バチは母バチを助けて働き，しばらく後に独立するか，母バチを追い出してその巣を引き継ぐ（ただしこのハチは死亡率が高く，母バチが戻らなくなった巣に他のハチが来て引き継いだりするので，つねに娘が母を助けるわけではない．母バチ追い出し行動などがみられるのもこのためであろう）．

　なお温帯の典型的な真社会性のハチ（スズメバチ，アシナガバチ，マルハナバチ）の生活史は図7のようである．春，前年に受精し越冬したメスが，普通1匹だけで巣をつくり，自分の子を育てる（この段階では将来の女王も働いているわけで「創設メス，foundress」という）．早く羽化するのはすべてメスで，彼女たちは巣に残ってワーカーとなる．この段階で創設メスは労働をやめ，産卵に専念する．盛夏にワーカーが世話した弟妹が羽化する．この妹たちが秋，オスと交尾し，オスは死に，メスだけが越冬して，翌年の創設メスになるのである．

　Wheeler (1923) ではハチの真社会性は母による子の保護の発展として，1匹の母が自分の子に随時給食する亜社会性段階を経て進化した．この進化経路をサブソシアル・ルートと呼ぶ．

　なおタイワンアリハナバチでは随時給食から母娘共存が生じたのだが，ミツバチと同じくらい社会性の発達した熱帯のハリナシバチ類（女王は足に花粉採集のための剛毛をもっていないので働けない）は一括給食である（ミツバチはもちろん随時給食）．随時給食を経ずに真社会性は進化し得るか？　これが可能なことも日本で最初に，北海道大学の坂上昭一らによって発見された．

　ホクダイコハナバチというハチは，交尾したメスが越冬し，春，地面に巣を掘って花粉を入れ，卵を産んで巣を閉じる．ところがこの母バチは，内側から巣を閉じ，その巣の中で閉じこもって生きている．そして夏に，春産んだ子

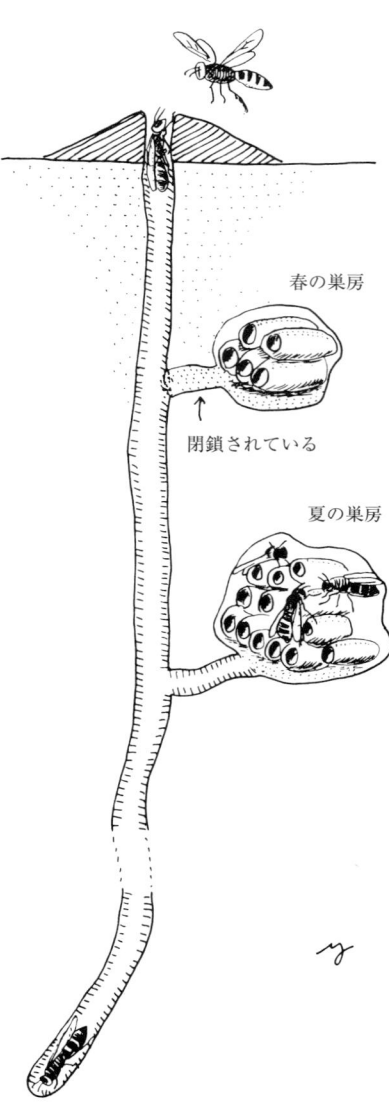

図8 ホクダイコハナバチの夏の巣. 春の巣房は閉鎖され, 娘バチの協力で新しく夏の巣房がつくられている (Sakagami & Hayashida, 1960 から描く).

供らが羽化してくると, 再び産卵をするのである. 春産んだ子供たちは大部分メスで, その多くは母よりからだが小さい. そして一部のメスは飛び去って同時に羽化した数少ないオスと交尾し自ら巣をつくるが, 他の多くのメスは母の巣に残り, 母を助けて弟妹たちの食う花粉を集めるのである (図8). このように一括給食であっても親が巣に残って母娘共存にいたれば, カストが発生することもあるだろう (坂上, 1992 を参照).

この場合には段階5がないのだが, 1匹の母による子の保護の発展という意味でこれもサブソシアル・ルートの変形としておこう.

同世代共存から真社会性へ──パラソシアル・ルート

アメリカの C. D. Michener (1974) は, 母と娘の共存という家族性の発展以外の真社会性進化の可能性を示唆した. すなわち (1) 同種のメスたちが狭いところに集まって巣をつくる段階 (集合巣) から, (2) アパートのように入口が1つの共同の巣の段階 (共同巣) を経て, (3) 他人の子にも餌を与える段階 (共同育仔) が発生し, (4) この共同生活の過程で (順位制によってか, フェロモンなどによる生理的抑制によって) 一部のメスが産卵しなくなり, カスト性へ移行することもあり得たのではないか, というのである.

図9　コハナバチ（アオスジコハナバチが主）の集団営巣．福井県下で筆者が発見したもので，1平方メートルに数十ないし数百の巣穴があった．

　人気のない山間や海岸の切り通しの崖などを注意して観察すると，ときには数平方メートルに数百ものハナバチの巣が発見されることがある（図9）．土中に巣をつくるハナバチにとって，良い営巣場所は少ないらしく，一定の場所に何百ときには何千もの家族が営巣し，何世代も同じ場所を使い続けることがある．
　このような生活をするコハナバチのなかには，各自で穴を掘らないで，1つの穴の中に各母バチが枝分かれした坑道を掘り，そこに自分の子を産むものもある．この場合，坑道の持ち主は決まっていて，ちょうどアパート生活のように，各母親は自分の房室の世話をするだけである．
　ところが坂上昭一は，先にあげたホクダイコハナバチとは別のいくつかの種で受精した2匹のメスが1つの坑道に共存している例を発見した．それはキオビコハナバチやミドリコハナバチである．図10にはミドリコハナバチの2匹のメスが別々の坑道にいる例（アパート？），4匹が1つの坑道にいる例（共同生活，この場合他人のためた餌への産卵があるかもしれない），およびアパート制のなかに共同生活がまじったのか，多数の坑道中1本だけに2匹のメスがいたオオエチビハナバチの例を示した．Michenerはこのような共存の過程で，一部のメスの卵巣が退化し，他のメスを手伝うようになるかもしれないと示唆した．その根拠として，彼はブラジルのナマケコハナバチで，共同巣の中

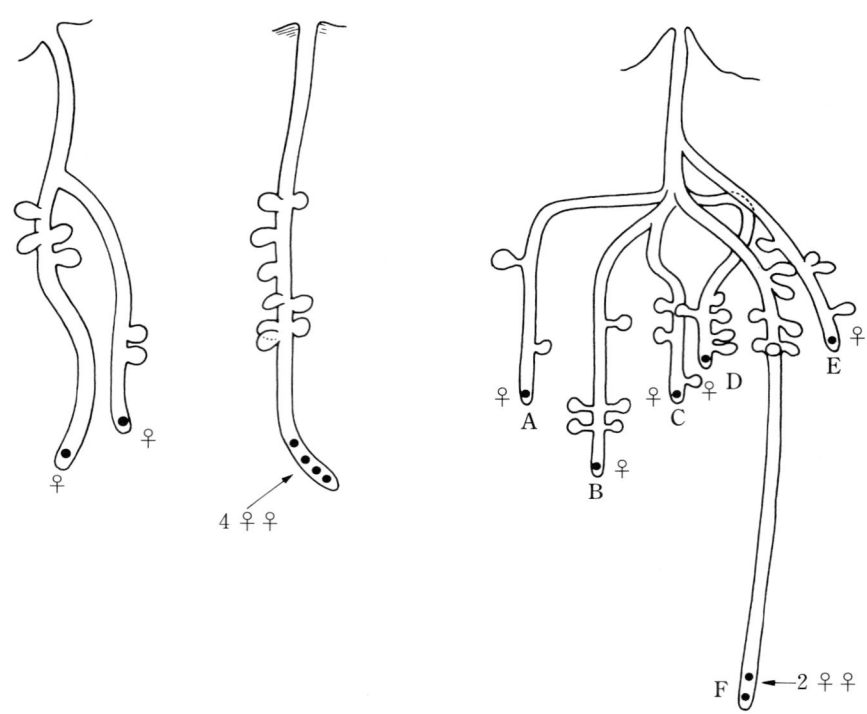

図10 コハナバチの巣の共同利用．右：オオエチビハナバチの巣．黒丸はメス成虫を示す．A〜Eの坑道にはメスが1匹ずついて，これらは巣穴の入口のみ共同利用しているのだと思われるが，F坑道には2匹のメスがいて，共同生活の萌芽が示唆される．中：ミドリコハナバチの巣．1本の坑道に4匹のメスがみられた（どのメスの卵巣も発達）．左：これもミドリコハナバチだがこれは巣穴のみ共通のアパート制のようだ（坂上，1970より変写，縮尺は一定でない）．

にどきどき卵巣のほとんど発達していない，また受精もしていないメスがみられることをあげている．ここではまず，共存している同世代のメス間に繁殖分業が生じ（同世代カスト），ついで娘たちのワーカー化（母娘カスト）が生じたと考える．このような進化経路をパラソシアル・ルート（側社会性ルート）またはセミソシアル・ルートと呼ぶ．

坂上昭一と前田泰生は孤独性のハチを実験的に同世代共存させ，真社会性を発現させようとした．

ヤマトツヤハナバチは髄のある木の枝の折れ口から髄をかじりとって穴を掘

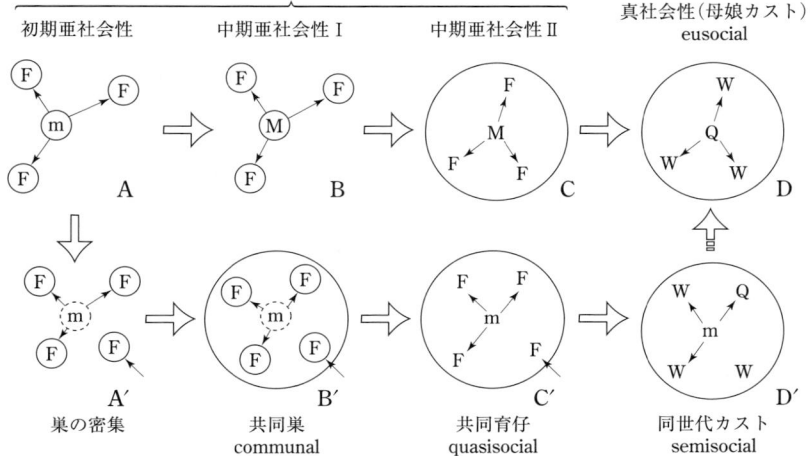

図11　昆虫の真社会性（カスト制）進化の2仮説．上：サブソシアル・ルート，下：パラソシアル・ルート．M：母成虫（mは死後），F：娘成虫，Q：女王，W：ワーカー．大きい円は母のつくった巣を示す．外側からの矢印は「入り込み」個体（坂上，1970を改変）．

り，その中に花粉を入れた房室をつくり産卵し，普通，子が羽化する前に死ぬ（ただし本種の母は長く生きて羽化した子バチに餌をやることもある）．坂上らは少しだけ巣になる「人工枝」を入れたアミ室内にたくさんのメスをはなしてみた．すると本来独居性・亜社会性のこのハチが2匹，3匹，ときには4匹で1つの巣をつくった．そして大部分の場合大きいメスが巣にとどまり，小さいメスが花粉採集をした．分業が成立したのである．ただし産卵は女王的にふるまった大型メスがおもにすることも，ワーカー的な小型メスがすることもあった．しかし本種は野外でもときたま同世代共存をするが，そのさい小型メスと卵巣の良く発達した大型メスとが共存していると産卵はつねに後者が行った．

　Wheelerのサブソシアル・ルートとMichenerのパラソシアル・ルートを対照すると上の図式のようになる（図11）．

1-3　アリとシロアリの社会

アリの社会

　アリは，Wheeler のサブソシアル・ルートの段階4のような生活をしていたツチバチ類似の仲間から進化したと考えられる．記載されたものだけでも7000種を超えるアリは，最古の白亜紀の化石を含め，知られているすべての種が真社会性である．しかしアリにも真社会性のごく初期にとどまっていると考えられる種がいて，これから進化を多少跡づけることができる．

　これはオーストラリア産のキバハリアリ *Myrmecia* で，本種では女王が巣穴を掘って産卵したのち，自ら出歩いて餌を持ち帰り幼虫に与えるのである（図12）．他のアリでも普通女王は1匹で巣穴を掘るが，幼虫の餌をとりに出ることはしないで，自分の唾液によって最初のワーカーを養う．キバハリアリでも，ワーカーが成虫になると女王は産卵に専念するようになるが，ワーカーを取り去ると女王は外役を含む労働を再開できる．すなわち，キバハリアリの女王は他のアリより労働能力を残しているといえよう．

　ただし，このグループを含め，アリではワーカーは女王と明確に異なっている．大部分のアリでは女王は翅をもって羽化し，結婚飛翔ののちに翅を落とすが，ワーカーは決して翅をもたない（白亜紀の琥珀から発見されたアケボノアリ *Sphecomyrma* も翅原基をもたないワーカーであった）．女王に翅のない種でも女王は翅の原基をもっていて顕微鏡でみると区別できる．さらにハリアリ亜科を除くアリのワーカーは受精のう（7ページ）をもたず，交尾してメスになる卵を産むことがない．

図12　オーストラリアの原始的なキバハリアリの1種 *Myrmecia gulosa* のメスが巣を創設しているところ．他のアリではメスは外に出ず自分の唾液で幼虫（第1ブルード）を養うのに対し，この種では巣の入口をあけて外に出，虫などを捕らえて運び込んで幼虫に食べさせる．右下にのびる坑道は避難場所（Wilson, 1971 の図から合成して描いたもの）．

幼虫の体液で女王を養うアリ

1986年，東京都立大学大学院生（当時）の増子恵一はきわめて特殊な幼虫の利他行為をアリに発見して，世界を驚かせた（Masuko, 1986；増子，1988も参照）．

ノコギリハリアリという原始的なアリ（ハリアリ亜科）は，地中だけで暮らしていて，ジムカデなどの地中の小動物を餌としている．ワーカーが餌を見つけると，それを殺し，巣へは持ち帰らず，逆に巣から死体の場所に幼虫を運んできて食べさせる．ところが女王は，このような餌を食うのではなく，終齢幼虫の背中（第2節と第3節のあいだおよび第3節と第4節のあいだ）を噛み，そこから出てくる血リンパを吸って栄養源としているのだった．観察によるとコロニー創設期の女王は狩りをして餌も食うが，ワーカーが多くなってからは餌があっても見向きもせず数時間おきに幼虫から吸血した．このためコロニー中の老熟幼虫の多くは背中に傷をもっている（図13）．吸血によって幼虫の成育は遅れるが，死ぬことはなく，間もなくワーカーになり，他の幼虫のための狩りに従事する．創設期には早くワーカーを出すことがコロニーの成功のため必要だから，この時期には女王も他の餌を食うのだろう．

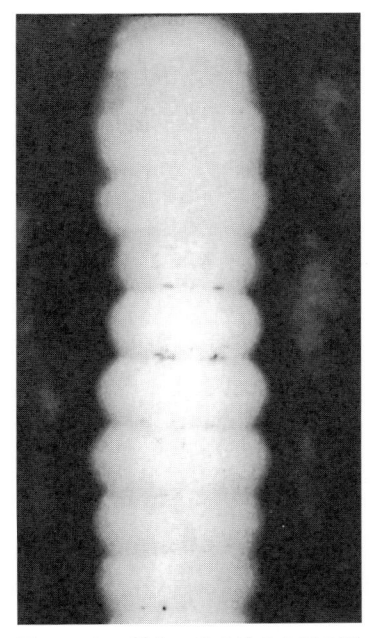

図13　ノコギリハリアリの女王の吸血による幼虫背面の傷（増子恵一博士撮影）．

増子はさらに，同様な女王の血リンパ食を同じ亜科のカギバラハリアリ属数種とムカシアリ属のムカシアリに発見した（吸血は独立に何回も進化したのだろう）．特にムカシアリでは幼虫のからだに特殊化した分泌孔さえ備わっていた．かくしてこれらのアリでは，ワーカーは幼虫時代から自らの体液で女王を養っているのである．

女王のいないアリ：アミメアリ

アミメアリは日本全土にごく普通なアリだが，女王というものがなく，オスも稀にしかとれない．辻和希は名古屋大学大学院生当時本種を詳しく調べ，本種のコロニーは女王を欠くだけでなく，ワーカーのすべてが若い時期に雌性単為生殖（thelytoky：7ページ脚注の雄性単為生殖の反対で，未受精卵からメスが産まれる）でワーカーを産めることを発見した（Tsuji, 1988；辻，1988, 1992も参照）．明確な女王（羽化時に翅をもち，落としたあとも痕跡がある）を欠くアリは他にもあるが，それらのコロニーでは順位性を通じて1匹ないし少数のワーカーだけが交尾し産卵できる場合が多い．ところがアミメアリでは（小コロニーをつくって全個体に個体マークをして観察したところ）どの個体も羽化後しばらくは内役しつつ産卵し，ついで産卵をやめて外役となり，やがて死ぬことがわかった．個体によりよい卵を産むものと少ししか産まぬものはあるだろうが，全個体が事実上繁殖に参加しているので，本種では真社会性はほとんど崩壊したといってよいだろう（Tsuji, 1990, 1995）．

女王がいないにもかかわらず，アミメアリは自分のコロニーメンバーと他のコロニーメンバーを区別でき，あるコロニーが守っているアブラムシのコロニーに他のコロニーのワーカーが侵入すると追い払う．女王がいる種のアリのコロニーでは，女王がその体表につけている炭化水素の組成が女王ごとに違い，これがワーカーにもつく結果，ワーカーたちはその匂いでコロニーを識別できるというが（Tsuji, 1988），アミメアリの場合はワーカーが出す炭化水素のブレンドと巣の匂いの混合が識別をさせているのだろう．

アミメアリはなぜこの特殊なコロニー生活を維持できるのだろう？　働かないで繁殖だけする個体はなぜ出現しないのか？　辻は50を超えるコロニーの外役個体率（卵巣でわかる）とコロニーの増殖率を調べ，量的遺伝学的解析を行った結果，外役個体が6％付近のコロニーの増殖率が最も高いことを見いだした．これは繁殖ばかりする個体がコロニー中に増えるとそのコロニーは競争に負けることを意味する．集団を単位とした自然淘汰が働いているのである（3ページに「種の繁栄」をもととする議論は正しくないと書いた．しかしごく特殊な条件下では，集団を単位とした淘汰も働くことが証明されている．ただしこれは血縁淘汰と矛盾するものではない）．

図14　西表島のタカサゴシロアリの特殊な兵隊アリ（頭の先が尖っていてこれから刺激性の液体を出す）と普通の働きアリ．兵隊が周辺を守る．この兵隊アリは幼虫のときは普通の働きアリの形をしているが，これ以後脱皮はしない．したがってこのワーカーは繁殖カストになれない（『アニマ』1980年10月号の栗林慧氏の写真から描く）．

シロアリの社会

　シロアリも発展した社会をつくった昆虫だが，ハチ目とは全然異なる不完全変態のシロアリ目に属している．シロアリも知られたすべての種が真社会性であるが，シロアリの真社会性は2つの点でハチ目のそれと違っている．第1はオスが長く巣にとどまって繁殖を行うこと，第2はシロアリのワーカーはハチ，アリのようにメスに限られるのではなくて，基本的にはオス，メス両性の幼虫であることである．ただしこの幼虫態ワーカーは王と女王がいるためフェロモンで成虫化を抑制された個体である．シロアリ目のなかの3つの科，シロアリ科，シュウカクシロアリ科とミゾガシラシロアリ科の一部のみに成虫態ワーカー，つまり完全に繁殖しないカストがいるが，これらはすべて兵隊である．
　シロアリの特徴はアリ以上に兵隊カストが発達していることであろう．これらの兵隊は成虫で，幼虫のときは幼虫態ワーカーでいるが，最後の脱皮とともに特殊な形態となり，繁殖カストにはなれない（図14）．
　シロアリはハチ目と違って不完全変態であり，多くは成虫も幼虫も木材を食

う．原始的なシロアリは親子が一緒に材を食いながら，その結果として坑道をうがっていたわけで，摂食と巣づくりとはこの段階では区別が難しい．この段階では給餌は必要ない．給餌なしに親子共存が始まったのである．

昆虫は木材を消化できないので，消化にはセルローズを消化できる腸内共生微生物の助けが必要だが，親子が一緒にすむことは微生物の受け渡しにも不可欠であった．こういう親子の共存が，次第に独立した巣の構築や菌の培養にすすみ，その過程でフェロモンによるカストの操作へと進化したのであろう．シロアリは単数・倍数性でなく両性2倍体だが，狭い木材中などの営巣場所への長期にわたる生息が近親交配をもたらし，コロニー内血縁度を高くし，真社会性進化を有利にしたという考えがある．だがこれには反論もあり，くわしくは松浦（2005）を参照されたい．

1-4　血縁淘汰か共同的集合か

（この節では原著論文をすべて引用せず，文中に「参照」と書いた総説や本の引用にとどめた．原著はこれらの文献表から見つけられたい）．

順位制が同世代メス間の分業を導いたというパルディの考え

日本のアシナガバチやスズメバチは原則として1匹のメス（創設メス）が巣をつくり，彼女から最初の頃生まれたメスの子が羽化後ワーカーとなる（単雌創設，haplometrosis という）．この場合問題は，なぜワーカーが自分で繁殖しないで利他行為をするかだが，温帯では初夏に羽化したメスが巣をつくってもほとんど新世代成虫を残せない可能性もあるので，ワーカーとなって血縁者（弟妹）を助けるほうがよいことは考えやすい．ところが亜熱帯や熱帯では何匹ものメスが協同で1つの巣を創設する多雌創設（pleometrosis）が多い，たとえばオキナワチビアシナガバチでは巣の約50％が多雌創設である（図15）．なぜか北アメリカには多雌創設するアシナガバチが多く，ヨーロッパにも大分いる．なお女王になるメスだけで巣を創設することを独立創設（independent-founding），女王がワーカーを連れて母巣を出，協同で新巣をつくることを巣分かれ創設（swarm-founding）という．後者にも女王1匹（ミツバチなど）の場合と複数の場合があるが，複数の場合が圧倒的に多い．

先に娘が血縁度の高い姉妹を養うという特性が真社会性の進化を容易にした

図15 オキナワチビアシナガバチの多雌巣.左:創設直後.矢印の個体のマークは秋同巣で羽化し,集団越冬したメスであることを示す.右:次世代多数が羽化したあと.5匹の創設メス(矢印)が依然残っている.

と書いたが,1つの巣に何匹もの女王がいては,生まれる子供たちのあいだの血縁度は下がってしまう.なぜこういう社会は進化できたのだろう?

これまで有力だった1つの説明は,多雌創設をするメスたちは前年同じ巣で羽化した個体が多く,したがって姉妹であるから,生まれる娘たちも姉妹かそうでなくてもせいぜい従兄弟だというもの,もう1つは,たくさん創設メスがいても順位制によって実際に産卵するのは1匹だけだというものであった.

確かに,多雌創設する仲間は前年の同じ巣の出身者であることが多い.オキナワチビアシナガバチでは彼女らが古巣の上で集団越冬し,その集団が春新巣をつくることがわかっている(図15左).しかしそうでないケースもあるし,

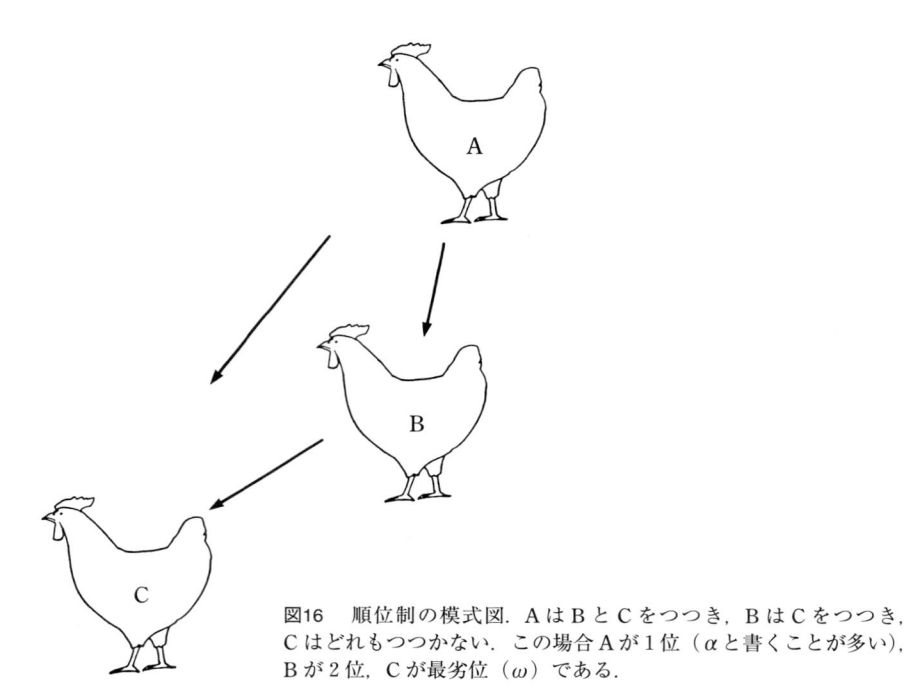

図16 順位制の模式図. AはBとCをつつき, BはCをつつき, Cはどれもつつかない. この場合Aが1位（αと書くことが多い), Bが2位, Cが最劣位（ω）である.

1年目には姉妹が集まって巣をつくるとしても，それから羽化した娘たちは従兄弟同士となり，これが一緒に多雌創設をしてそれぞれが子を残したら，娘たちの血縁度はさらに下がってしまうだろう．

　ここで動物社会学上重要な現象である順位制[3)]を説明しよう．順位制というのは，1913年，ノルウェーの Schjelderup-Ebbe という学者が発見した現象で，同種の何匹かの個体が群れをつくっているとき，Aという個体はB, Cをつつき，BはCをつつき，Cは何もつつかない．そして，反対につつくことはできない（あるいはその回数が非常に少ない）というような現象である（図16）．多雌創設しているアシナガバチのメス間にもこの順位制があることは，1946年にイタリアの Pardi によって発表された（Pardi, 1948 参照）．

　Pardi は *Polistes dominulus*（旧 *gallicus*）というアシナガバチの巣上で，メスが他のメスをつついたり噛んだりするのがみられ，しかもその順序は上の例と同じように決まっていることを知った．さらに Pardi は観察のあとでこれらのメスを解剖して，順位の高い（優位の）メスは卵巣が良く発達し，いつでも産

卵できる状態にあるが，順位の低い（劣位の）メスの卵巣は退化していることを見いだした．だから多雌創設とはいっても，劣位メスはほとんど子を残せない．彼女は優位メスにつつかれると採餌にでかけ，餌を持ち帰るとそれを優位メスにとられてしまい，またつつかれ，そしてすぐ採餌に出ていた．

ここでは 15 ページの側社会性のハナバチと同様に，同世代の創設メス間に繁殖分業がみられたわけである．

さらに Pardi は，劣位メスがたまに産卵しても優位メスがその卵を食べてしまうが，前者が後者の卵を食うことはほとんどないことを発見した（この現象を差別食卵という；Pardi, 1948）．その後，優位のものが大部分の卵を産むという現象と差別食卵とは，アメリカの *Polistes fuscatus* など他のハチでも次々と報告された．またワーカーが羽化すると劣位の創設メスが追い出されてしまう種もある．山根爽一によると台湾のトウヨウホソアシナガバチがそうである．これならば多雌創設とはいっても羽化するハチはだいたい 1 匹の母の子で，血縁淘汰のうえでも問題ないではないか？

多女王制のハチと共同的集合説

しかし多雌創設するハチがすべて上のような女王間順位制や差別食卵，あるいはワーカーによる劣位女王の追い出しで実質的な単女王になってしまうわけではない．私は沖縄でオキナワチビアシナガバチを，またパナマで現地の独立創設種いくつかを調べたが，多雌巣の率は最初の種が 50 %，パナマの 4 種では 60 %以上 100 %近くまでだった（表1）．そして子の羽化開始までのコロニーの生存率はオキナワチビアシナガバチでは多雌巣が単雌巣の 2 倍，パナマでは単雌巣が 4 種ともゼロだった．

図 18 はオキナワチビアシナガバチの創設メス数と巣の生存率および適応度の指標と考えられる房室生産数との関係を示したものだが，生存した巣では創設メス当たり房室数は創設メス数の増加とともに減るものの，生存率の低下に

3）順位制は群れ内の不用な争いを減らすために進化したという説明を読まれた読者はないだろうか？ 順位が決まってしまうと，互いにそれを認識し，劣位のものは優位のものにちょっとつつかれるとすぐ特有の服従姿勢をとり（アシナガバチでは巣の面にピッタリへばりついて動かなくなることが多い），ケガにいたるような闘争をしなくてすむというのである．しかしこれは「種の繁栄論」からの間違った説明である．Pardi のアシナガバチの例では劣位のメスは卵も産めなくなってしまい，何の利益もない．では彼女はなぜ独立しないのだろう？ 種の繁栄ではなく，それぞれの個体が自分にとって最善の道を選ぼうとたたかっているのであり，ある個体にとっては，劣位でも集団に残るほうが単独となるよりはマシだという観点から見直す必要がある．

図17　南米のアシナガバチ亜科 *Agelaia vicina* の巣．坂上昭一博士撮影．下はその部分．84 の巣板があり，約 485 万の房室があったという．1 巣に数百〜数千もいるこのハチの女王はワーカーと一見して区別できる．

表1　熱帯と亜熱帯のアシナガバチ類の多雌創設率と単雌巣・多雌巣の生存率.
　　　（　）内はサンプルサイズ

種	地域	多雌巣の率 (%)	子の羽化開始までの生存率 (%)	
			単雌巣	多雌巣
オキナワチビアシナガバチ	沖縄	53 (253)	34 (96)	77 (116)
Polistes canadensis	パナマ	98 (90)	0 (2)	50 (12)
P. versicolor	パナマ	78 (23)	0 (4)	98 (16)
Mischocyttarus angulatus	パナマ	82 (11)	0 (2)	100 (4)
M. basimacula	パナマ	61 (18)	0 (5)	75 (4)

より春できた巣全部の創設メス当たり房室数は創設メス数6～10匹までは増加している．創設メス間には順位があって劣位のメスは優位のメスほど産卵できないが，図18の結果からは劣位個体が優位個体の半分ぐらいの卵を産めれば，包括適応度を考えなくとも劣位であっても巣に残ったほうがよく，優位個体も彼女を追い出すよりいてもらったほうがよいことになる．そして母バチ間の血縁度が高ければ，包括適応度により，互いの利益はもっと増すのである．

　なぜパナマでは単雌コロニーはすべて羽化前に失敗したのか？　私は熱帯における激しい捕食圧が原因だと考えた．

　ではこのような巣で何匹もの母の娘たちが羽化したらどうなるだろう？　娘たちは血縁度が低い幼虫を育てるワーカーになる．しかし娘がそれをいやがって飛び出しても，単独で巣をつくり子を育てる見込みはきわめて低いので（熱帯なら時間は十分あるが），巣のメンバーがたとえ姉妹でないとしても親戚同士ならば巣に残ったほうがよいだろう．

　以上は独立創設・多雌創設種のことだが，熱帯の巣分かれ創設種には1コロニーに何十匹もの女王と数百匹ときには数千匹のワーカーがいる種がたくさんある．最も極端な例はブラジルの *Agelaia visina* だろう（図17）．坂上昭一とR. Zucchiが殺虫剤をかけて取った1つの巨大巣にはなんと100万匹以上のワーカーと3000～4000匹の女王がいたという．

　表2は私がパナマで調べた4種の巣分かれ創設種とパナマとオーストラリアで調べた独立創設種の巣上にいた雌成虫数とそのなかで1個以上の大きな卵をもつ個体の数を示す．独立創設種に比べて率は低いが産卵可能な雌が複数いることは確かである．

　パラソシアル・ルート（14ページ）を提案したMichenerらは，自分が損を

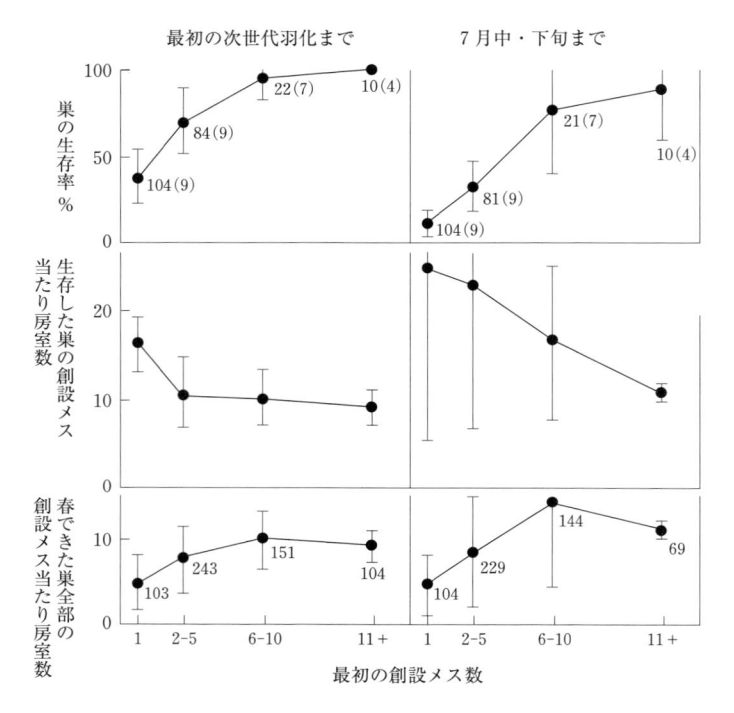

図18 オキナワチビアシナガバチの創設雌数と巣の生存率および房室生産力（適応度の指標）との関係．生き残った巣当たりでは創設メス当たりの房室数は多雌ほど少ない．しかし巣雌や少数雌により創設された巣の生存率は低いので，全巣こみにすると6〜10匹がピークとなる．数字は巣の数．

して血縁者の適応度を高める利他的集合（これは血縁淘汰なしには進化しない）だけでなく，どの個体も単独でいるよりは得だという「協同的集合」も重視すべきだと主張してきた（Lin & Michener, 1972；Michener, 1974 を参照）．私は多女王制は熱帯におけるとても強い捕食圧のもとで協同的集合機構も働いて（血縁淘汰がないのではなく，それも働くが）進化したと考え，『狩りバチの社会進化　協同的多雌性仮説の提唱』（伊藤，1976）と題した本を書き，英語版も出版した（Itô, 1993）．

周期的女王少数化説

　テキサスのライス大学にいる Strassmann，Queller 両教授は多数の院生・研

究生とともにこの問題に取り組んできた．ハチ類における真社会性の進化が血縁淘汰説により起こったもので，コロニー内の産卵メスが 1 匹であるならば，彼女が生んだワーカーとそれらが養う子とのあいだの血縁度は 0.75 である（交尾は 1 回と仮定，8 ページの図 4 参照）．1989 年に Strassmann らは 14 種の独立創設性のアシナガバチ類のコロニー内メス間の血縁度をタン白質多型の電気泳動法による検出で測定した．それによるとイタリーの *Polistes gallicus* の 0.80 という例外を除き，値は 0.3 と 0.6 の間にあった．他の人の調査結果も多雌巣の多い種ではほぼこの範囲にあり，値はそう小さくはなく，最優位女王のほかにせいぜい 1 匹の女王が少数の新女王を残しているにすぎないとわかった．一方ほとんど単雌創設に限られる日本のセグロアシナガバチでは 0.73 と，期待値 0.75 にきわめて近かった（伊藤，2002 参照）．

巣分かれ創設種ではどうだろうか？　Queller et al. (1988) によると女王が 10 匹以上いる *Polibia occidentalis* と *Polybia sericea* では 0.34 と 0.28，女王数 100 匹を超える *Parachartergus colobopterus* では 0.11 であった．これは前記独立創設種の値よりは低いが，遠縁の女王が 10 匹以上繁殖しているときの値ではない．繁殖世代を残した女王は上の順で 2.62，3.29 および 8.49 匹と推定されている．その後に行われた結果もほぼ上の範囲にあった．たとえば工藤ら (Kudo et al., 2005) によると数千匹のメスが巣上にいるブラジルの *Polybia paulista* の血縁度は女王（受精嚢内に精子のある雌）間で 9 巣中 1 巣を除き 0.5 から 0.8 のあいだで，ワーカー間では 0.25 前後だった．これからワーカーを生産する女王は 1 巣平均 21 匹に対し，新女王を生産する女王数は 1.2 匹と推定された．これらは南米の種だったが，Tsuchida et al. (2000) はオーストラリアのロマンドチビアシナガバチ（女王数約 260）で 0.34 という値を得ている．新女王をつくれた女王数は 2.8 匹で，巣にいた女王の 1 ％にすぎなかった（以上も伊藤，2002 に表が出ている）．

30 年以上前に West-Eberhard (1978) は *Metapolybia aztecoides* の巣には営巣初期にはたくさんの産卵メスがいるが，ある時期に産卵メスは 1 匹になってしまい，新繁殖メスはこの女王だけの子であることを見いだし，この現象を周期的女王少数化（cyclical oligogyny）と呼んだ．Strassmann らはこの特性があることによって大コロニーをつくる巣分かれ創設種でも女王間血縁度はけっして低くなく，血縁淘汰説は成り立つと主張している（Queller & Strassmann, 1998 と伊藤，2002 参照）．

こうして最近では私の「協同的多雌性仮説」には不利な証拠が増えつつある．しかし周期的女王少数化は絶対的だろうか？

残る疑問とガダカールの適応度保障機構

1993年インドのチビアシナガバチで驚くべきことが発見された．稀な種で，たった1巣の調査だが，*R. rufoplagiata* という種で巣にいた成虫153匹中行動を調べた46匹のうち33匹もが産卵していたのである．どの個体も若いうちは産卵し，年とると外役をした（Sinha et al., 1993）．世界的な社会生物学者ガダカール（R. Gadagkar）を含む著者たちは本種に永続的なカスト制は消失していると結論した．

この節の最初にPardiの *P. dominulus* における創設メス間順位制による1女王産卵独占の考えを書いた．ところが最近の生化学的研究によると本種の巣上のメス間の平均血縁度は0.33と低く，創設メスの35％は血縁者でないと推定された（Queller et al., 2000）．ただし秋に取った次世代繁殖虫の血縁度は0.61と高く，夏以後は1位メスだけが産卵していると推定された．これはPardiの考えと同じだが，なぜ姉妹ばかりでなく非血縁者までが創設に参加するのか？唯一の利益は非血縁の劣位個体でも1位女王が死んだときなどに女王になるチャンスがあることだろう．著者らは本種の社会は「他の社会性昆虫と違い」グループに参加して縄張りや繁殖相手を引き継ぐことで非血縁者でも利益を得る脊椎動物の協同繁殖と似ている，と主張した．しかし本種だけが「他の社会性昆虫と違う」のだろうか？

Gadagkarが長く調査してきた *R. marginata* は多雌性の独立創設種で巣上にはいつも数匹のメスがいるが，産卵するのは1匹だけである．しかし産卵女王はしばしば若い女王にとってかわられ，産卵女王として機能できる期間は平均80日だった（Gadagkar et al., 1991）．コロニーの寿命は400日を超え，調べた4巣では産卵した女王の数は2～10匹，平均5.25匹であり，巣には何匹もの女王が産んだ子がいて，一生産卵メスになれない個体もいた．ではなぜ巣に参加するのか？ 単独創設した女王は自ら産んだ個体が1匹でも羽化するまで生きていなければ適応度を確保できないが，ワーカーであれば早く死んでも他のワーカーが血縁関係にある子を育ててくれれば包括適応度はゼロでない．さらに女王に交替できれば直接の適応度も得られる．こういう適応度保障機構（assured fitness returns）によって本種の社会構造は維持されてきたのであり，

表2 パナマで取った巣分かれ創設性アシナガバチ4種の産卵メス数（Itô et al., 1997の表から作成）

種	巣上の メス数	受精し 発達卵をもつ メス数*	発達卵あり 精子なしの メス数	コロニー当たり 産卵可能 メス数
巣分かれ創設種				
Polybia scrobalis surinama	1220	10/479（2.1）	0	27
Protopolybia sp.	＞51	15/51（29.4）	0	≥15
Synoeca septentrionalis	133	3/67（4.4）	0	6
Metapolybia azteca	＞50	5/27（18.5）	0	≥27
独立創設種（参考）				
Polistes canadensis（パ）**	11-29	14/108（13.5）	2	2.3 ± 1.2
Ropalidia g. gregaria（オ）	9-42	20/88（22.7）	7	6.7 ± 4.2
R. g. spilocephala（オ）	2-27	38/89（42.9）	5	5.4 ± 5.6
R. sp. nr. *variegata*（オ）	3-22	7/51（13.7）	3	1.8 ± 0.5

* 分母は調べたメス数，分子が該当値，カッコ内は%．
** パはパナマ，オはオーストラリア熱帯圏で調べた値．
巣分かれ創設種では交尾していないメスは発達卵を全くもっていない．女王，ワーカーの差がはっきりしているのだろう．

独立創設種における真社会性はここからも進化し得たと彼は考えている（彼の著書 Gadagkar, 2001を参照）．

　アリにも多女王制の種があり，周期的女王少数化を示す種があるが，そうでない種もある（伊藤，2002の血縁度の表を参照）．周期的女王少数化による血縁淘汰機構の実現は広く認められるのだろうが，血縁淘汰以外の社会進化の機構はまだ消えていないと思う．しかし別の機構が働いていても血縁が近いものが協同するときはつねに血縁淘汰が作用していることは忘れてはならない．

第2章
ハチ・アリとシロアリ以外の節足動物の社会

2-1 真社会性の発見された生物グループ

　繁殖しないで（または産む子の数を減らして）働くワーカーがいる真社会性の生物は50年以上前には昆虫のハチ目（アリ科，スズメバチ科，ハナバチ上科）とシロアリ目（全種）にしか知られていなかった．これらにおけるワーカーの存在はアリストテレス時代から知られていたから，たった2目だけが1000年以上にわたって認識されていたのである．この状況を破ったのが血縁淘汰理論で，1970年代以後に次々と新しいグループに真社会性種が発見された．それらをあげよう．なおこの章では（3）から（6）のすべてと亜社会性を示すクモ，ダニについての当時までの文献をほぼ網羅した紹介文を含む本［斉藤編，1998］と雑誌『遺伝』の特集号［49年9月号（1995）］および同誌別冊『動物の社会行動』（2003）が参考になる．

真社会性の知られた目　カッコ内は最初の報告年（学会発表でなく論文発表）
1）ハチ目のアリ科（全種）と，スズメバチ科，ハナバチ上科の一部：ワーカーは巣の防衛，子の保護，採餌をする．単数・倍数性．真社会性は10回進化したとされている．
2）シロアリ目（全種）：ワーカーは巣の防衛，子の保護，一部で採餌．倍数性なのに真社会性が維持された理由は松浦，2005を参照．
3）カメムシ目：アブラムシの一部（1977）．天敵と戦う不妊の兵隊をもつ．兵隊がすみ場所の清掃などをする種もある．年1回の有性生殖を除き単為生殖で，この期間のコロニー内血縁度は1．
4）ハチ目のトビコバチ科の1種（1981）．血縁度1（41ページ参照）．
5）アザミウマ目：アザミウマの一部（1992）．天敵と戦う不妊の兵隊．単数・

倍数性（49 ページ参照）．
6) 甲虫目：アンブロシャ甲虫の1種（1992）．子を産めぬ個体が巣の拡大，餌の保障をする．狭い材中の坑道内に何世代もすみ，近親交配している．
7) エビ目：テッポウエビの一部（1996）．子を産めぬ個体が生息場所の防衛をする．倍数性だが真社会性種は海綿の体内共生者で，同一海綿内にいる個体間の血縁度は高い．
8) ネズミ目：ハダカモグラネズミ（ハダカデバネズミ，1991，追加もあり，p.139 参照）．

　上をみるとコロニー内血縁度が高い単数・倍数性の種や単為生殖の種が大部分で，他の種も近親交配などにより血縁度が高くなっている可能性が強い．
3) 以下は血縁淘汰説の刺激により発見されたものである．
　これ以外にクモでも真社会性が主張されたことがあるが後述する．また粘菌とイーストに特異な利他行動が見つかっている．たとえば細胞性粘菌の *Dictyostelium* は栄養が十分あると土壌中にバラバラで生活する単細胞のアメーバで，移動をしつつ細菌を捕食して無性的に増殖するが，餌が欠乏すると多数の細胞が集合した移動体をつくる．この移動体は適当な所につくと球状の胞子群とそれを支える柄からなる子実体をつくる．柄に分化した細胞は分裂せずに死ぬ．すなわち胞子に分化した細胞に対して利他行動をしている（Queller et al., 2003 と辻，2003 の紹介を参照）．真社会性ともいえるが，Queller らも辻も「社会性アメーバ」と呼んでいる．なお辻は引用していないが，このグループの社会性はウィルソンの『社会生物学』（合本版 pp. 796-818）に詳しく書かれている．
　以下に節足動物のグループについては亜社会性も含めて書いてみよう．

2-2　クモとダニ

社会性クモ類

　3万種をようするクモ類はすべて他の動物を捕らえて食う捕食者である．他のクモが捕らえた餌を食う「盗み寄生者」もいるが，肉食という点で例外はない．彼らの生活はアミを張って餌のかかるのを待つ待ち伏せ型と地上などを歩いて餌を探す探索型とに分かれるが，どちらも原則として集団生活は営まない．

アミは 1 匹の個体に占有されているし（ただしメスのアミのすみにそれよりずっと小型のオスがすんで交尾の機会を待っていることがある），探索型でも同種の 2 匹が会えば攻撃し，しばしば共食いになってしまう．

ところが熱帯には集団性のクモがいる．ときには数百匹のクモが共存することもある．このような集団をつくるクモのことを社会性クモ（social spider）と呼ぶ（ただし社会性昆虫の社会性とは定義が異なる）．そのなかにはメスが各自別のアミをもち，他個体に対して防衛するが各アミは連結されていて共通の隠れ場があり，産卵もそこにするというもの（ハチ目の集合巣の段階）と，1 つのアミを共有し，共同で造網，餌の捕獲，種によっては小グモへの給餌さえ行うもの（ハチ目の共同育仔）がある．

では，なぜ集まる性質が進化したかだが，熱帯にきわめて多いベッコウバチ（クモに寄生する）の攻撃への防衛や大型の餌を捕獲できること（たくさんの個体がとびついて共同で餌を殺す．そののちは何匹かが共に摂食する）が考えられる．実際に少数個体のつくる小さいアミはよく消失する．しかし捕食者兼寄生者のイソウロウグモの寄生は集団が大きいほど増えるという．

社会性クモのうち少なくとも 7 科 20 種では子の保護における協同と世代の重複がみられる．1986 年，F. Vollrath はパナマのアシブトヒメグモの 1 種で餌がコロニー内のメス間で均等に分けられず，そのため繁殖できないメスが存在することを示唆した．

このクモは最高数千匹からなるコロニーを形成し，子グモはメスの吐き戻しによって養われる．メスのなかには大型のものと小型のものがいるが，小型の個体はあまりよく餌を食べられない．そして産卵期にアミの中にみられる卵のうの数はメスの数より大分少なく，しかも集団サイズが大きいほど差があった．また特に小型のメスは受精していなかった．このことから，著者は本種は原始的な真社会性に達しているものと考えた．

しかし非繁殖メスの存在はメス間競争の結果であり，その副産物としてコロニーの繁殖メス数が調節されると解釈すればすむことから，Avilés (1997) はクモの社会性の良い総説の中で真社会性の語は採用していない［この総説の載った Choe & Crespi の本（1997a）は節足動物の 22 ものグループの社会性の総説集で，とても役立つ］（斉藤編，1998 の遠藤も参照）．

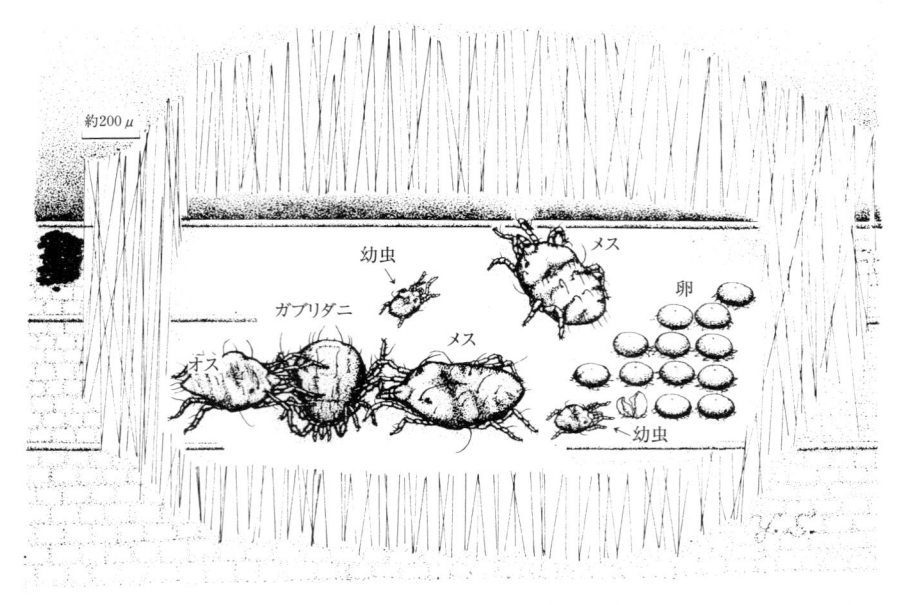

図19 巣の中のタケスゴモリハダニ．オスとメスの成虫が捕食者のタケカブリダニ若虫を攻撃している．巣の中には子供（幼虫と卵）も共存している（斉藤裕博士描く）．

ハダニの亜社会性

　ハダニとはミカンやリンゴの葉裏につく体長 1 mm くらいの小さな害虫（といっても 8 本足でクモ，サソリと同じ蛛形綱）であるが，これが属するダニ目はハチ目同様単数・倍数性を特徴とする（ただしグループ内に雄性単為生殖と父性ゲノム消失の両方を含み，どのグループがどれに属するかはまだ十分にわかっていない）．北海道大学の斉藤裕は，このハダニの仲間に父による子の保護を発見して注目をあびた（Saito, 1986；斉藤編，1998 の斉藤を参照）．
　ササの葉裏に糸を張ってその中で生活するタケスゴモリハダニがその主人公である．図 19 はその巣を示したもので各 1 匹のオスとメスが卵と共存している．斉藤はこの巣へハダニ類の卵や若虫を専門に食うタケカブリダニが侵入すると，両親特にオス親がこれを攻撃し，カブリダニが若虫である場合は殺すか追い出してしまうことが多いことを発見した．これは給餌はないものの亜社会性といってよいと思われる．子供は大きくなると房室のような連続した巣を継ぎ足してゆくらしく，少なくとも孫まで共存することがあるらしい．そのさい繁殖に関する分業があるかどうかは完全にはわかっていない．

なぜオスも保護に加わるかも面白い問題だが省略する．

2-3　甲虫類の社会

　昆虫では亜社会性（ここでは広く解釈して随時給餌をしなくとも，親成虫が捕食を防ぐため幼虫と同居しているならば亜社会性と呼ぶ）は，確実な例が12の目で知られている．直翅目ではコオロギの1種のみに給餌が知られている（West & Alexander, 1963；West-Eberhardの結婚前の研究）．革翅目には，幼虫が母のからだを食って独立するコブハサミムシが京都大学大学院（現在農林水産省東北農業試験場）の河野勝行により発見されている．またアザミウマ目には真社会性も報告された．しかし，ここではまず甲虫類の亜社会性を述べよう．

モンシデムシなど

　甲虫（鞘翅目）ではたくさんのグループで親による子の保護が進化した．なかでも子への給餌がハネカクシ，シデムシ，コガネムシ（広義）など動物の死体や糞を食う仲間にみられる．またこのほかに親と子が木材の中に一緒にすむクロツヤムシ科，ナガキクイムシ科，ムクゲキノコムシ科などで亜社会性が進化した．一方，葉を食う仲間と捕食性の甲虫には子の保護はほとんどみられない．ただジンガサハムシの仲間には卵から幼虫まで母が子につきそっている種があり，パナマ産の *Achromis bisparsa* では蛹までつきそう（図20）．天敵への防衛のためだと思われる．

　コガネムシ科の糞を食う種類のなかの親による子の保護は，ファーブルの『昆虫記』に何回も出てくるので，詳しく書かない．たとえばオオセンチコガネは糞の下に深い穴を掘って，そこに腸詰状に糞を詰め込み，産卵し，穴の入り口に土を詰めて飛び去る．この類で子の保護が最も進んだダイコクコガネ類は，オスとメスが獣糞のそばに穴を掘り，糞でつくった団子を運んできて，この穴に入れ，これに産卵し，幼虫が育つ間メスは巣内にとどまって，糞に生えるカビなどを除去する（最近の研究は斉藤編，1998の吉田参照）．

　糞虫と共に亜社会性が発達したのは屍体を食うグループで，そのなかでも驚くべき例はモンシデムシの仲間（*Nichrophorus* 属，外国の本にはよく *Necrophorus* としてある）であろう．E. Pukowski が70年も前に発見して何

図20 母が卵（左）から幼虫（中）を経て蛹（右）まで保護するジンガサハムシの1種 *Achromis bisparsa*（スミッソニアン熱帯研究所の R. Windsor によって発見された．パナマで筆者撮影）．

枚もの見事な写真をつけて報告し，L. J. Milne らによって再確認されたところによると，ファーブルの『昆虫記』にスネマガリシデムシの名で出てくる *Nichrophorus vespillo* では，オスが肉塊を見つけると，尾部を高く持ち上げる．おそらくフェロモンが放出されるのであろう．メスが間もなくやってくる．何匹もが1つの屍体に集まると相互に闘いが行われ，最終的には肉塊は一つがいの雌雄に占有される．

このあと2匹は屍体の下に穴を掘り，屍体をうずめて壺様のものをつくり，その中で幼虫を養う．母虫が壺の上に頭を出すと，幼虫は鳥の雛のようにからだをのばして液をとろうとする．そして母虫の大顎のあいだに口を突っ込むと母虫は口から液を出し，幼虫はこれを吸うのである（図21）．ただし幼虫は自分がその中に浸っている肉塊を直接食うこともできる．そして，幼虫が十分大きくならぬうちに母虫を取り去ると，蛹化はするが羽化できなくなるという．

スネマガリシデムシではオスは保育の始まる段階で巣を去る．しかしツノグロモンシデムシでは（少なくともヨーロッパでは）オスも保育を手伝うという（Milne & Milne, 1976；新しい研究は斉藤編，1998の近を参照）．

食材性甲虫：アンブロシャ甲虫の真社会性

これらとは別の，ちょうどシロアリの先祖を思わせるような社会性が，木材を食う甲虫にみられる．ツノクロツヤムシは森林の腐材中にすむ比較的大型

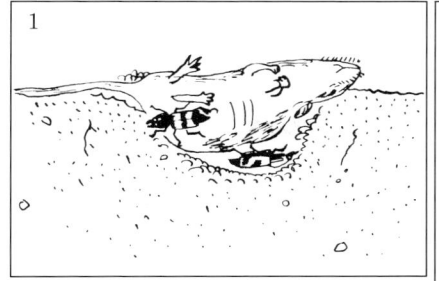

図21 スネマガリシデムシ *Nicrophorus vespillo* の子の保護．1：雌雄1対でネズミの死骸を土中に埋める．2：死骸を変形させ肉の壺をつくる（このあとオスは去る）．3：肉壺の中にいる3齢幼虫にメスが口うつしに餌を与えている（Milne & Milne, 1976 から変写．そのもとは Pukowski, 1933 のたくさんの写真である）．

の甲虫で，しばしばオス，メスの成虫が材内に群生し，幼虫と共に見いだされる．宮武睦夫によると，このような材を室内に持ち込んで成虫だけを取り去ると，幼虫は成育しないという（『日本昆虫記 IV』）．幼虫は人間がつくった木屑を与えただけでは死ぬので，ホィーラーが書いている中米のクロツヤムシ，*Odontotaenius* (旧 *Popilius*) *disjunctus* のように成虫の糞か成虫が半消化した材でないと幼虫が消化できないらしい．1978年には極微の（たぶん甲虫中最小の）食材性甲虫であるムクゲキノコムシ（ムクゲキノコムシ科，日本にはいない）に繁殖に関する多型の存在を疑わせるものが発見された．この虫には同種内に後翅をもつ型と，前翅だけで後翅をもたぬ型の多型がある（図22）．このこと自体は古くから知られていたが，Taylor (1981) は後翅をもつ型は大きな受精のうをもち，産卵数も後翅を欠く型の2倍くらいにのぼることを見いだした．色彩形態をみても後翅を欠く型が淡色でからだ全体が柔らかいのに対し後翅をもつ型は硬く，ちょうどシロアリのワーカーと繁殖カストの関係とよく似ていたのである（Hamilton, 1978；なお Hamilton, 1995 の選集中のこの文への

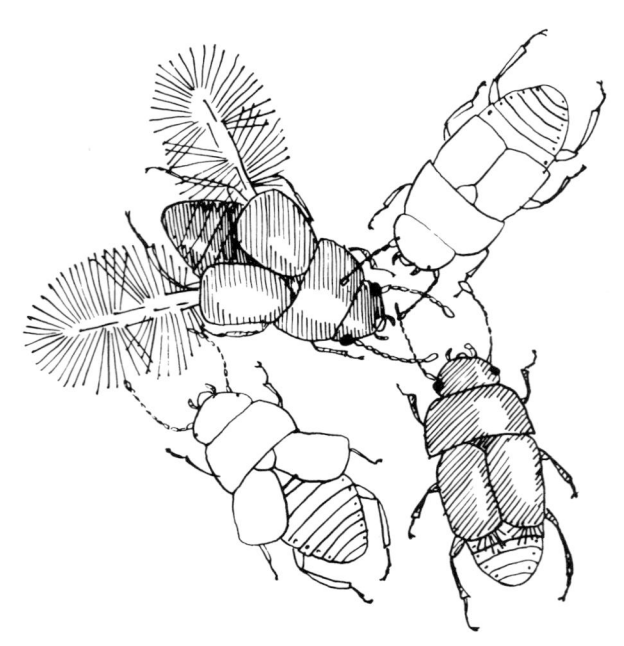

図22 ムクゲキノコムシ科の食材性甲虫 *Ptinelloides leconti* の後翅をもつ型と後翅を欠く型．前者は後者より硬く，色も濃い．両者は材中で共存している（Dybas, 1978 いくつかの図から描いた想像図）．

前書きも参照）．

木材を食う甲虫のなかで注目されるのは，アンブロシャ甲虫と呼ばれるグループ（キクイムシ科のコシンクイとナガキクイムシ科）である．このグループはいずれも木材をすみかとし，セルローズを食糧とするためにアンブロシャ菌を養う．材内には数世代が共存し，もちろん菌は世代から世代へと伝えられる（このため特別な器官をもっている）．中島敏夫によると，ナガキクイムシ科のアンブロシャ甲虫は一夫一妻で，つがいで新コロニーを創設する．オスが木材に坑道を掘り，メスは菌を運んで坑道内壁に接種する役を果たすらしい．実験的にメスだけで坑道を掘らせると数センチメートル掘っただけで死んでしまうというから，オスの関与は不可欠である．

メスは菌接種後産卵するが，この卵の孵化する頃には菌も繁殖していて，親子ともこの菌を食べて生活し，メス成虫は雑菌の排除，幼虫の糞の坑道入口への運搬などを，オス成虫は坑道入口近くに位置して防衛，空気の入れ替えに役

立つと思われるピストン運動,糞の投棄などを行うという.ハチ目と同様,大部屋制度の種と,個室制度の種とがある.

　前世紀の終わりに,ついにこの仲間に真社会性が発見された（Kent & Simpson, 1992）.ユーカリの材を食う *Austroplatypus incompertus* という種類である（著者らはゾウムシ科,ナガキクイムシ亜科と書いているが,ナガキクイムシは独立の科とすることが多い）.それによると,本種は受精したメスが単独でユーカリの樹皮に孔をうがち,長期間かけて材中に枝坑をつくり産卵する.幼虫は母が木に接種したアンブロシャ菌を食べて育つ.2年後に成虫（性比は1：1）が出てくるが,オスは分散し,メスが坑道に残る.そして坑道拡大,糞の除去,捕食者への防衛等を行う.多くの巣をこわしてみたところ,平均して受精メス1匹と4.7匹の未受精メスがいた.後者は巣に残って繁殖せずに働くワーカーだと考えられ,著者らは本種を真社会性だと結論した.真社会性はこの1種にしか知られていないが,アンブロシャ甲虫の興味ある社会生活は Kirkendall et al. (1997) を参照されたい.

2-4　兵隊をもつ寄生バチ

　単為生殖により血縁度がきわめて高くなっていると期待されるアブラムシに不妊の兵隊がいたのなら,他の血縁度の高い昆虫にも真社会性が発見される可能性がある.寄生バチのなかには「多胚生殖」といって1つの卵から多数の幼虫が生まれる現象が知られており,このような種の幼虫にときどき2型がみられることも古くから知られていたが,カリフォルニア大学のフィリピン系女性 Y. P. Cruz はその1種で,片方が不妊の兵隊であることを発見した.

　トビコバチの1種 *Copidosoma tanytmemus* は,ノシメコクガなどの卵に卵を産みつけ,成虫は大きくなったガの幼虫体から脱出する.産まれた卵はまずたくさんの「胚」に分裂し,それから幼虫が生ずるのだが,最初の頃出てくる幼虫は図23の上のような形をしている（口器に注意）.これが10〜20匹出た頃,通常型幼虫（図23下）がたくさん出てくる.寄生後7週間たつと,通常型幼虫は寄主体内で老熟するが,このころには先に出た型の幼虫は死体しか見つからない.Cruz は本種の寄生した寄主に,さらに他の寄生バチを寄生させてみた.すると,つねに *Copidosoma* だけが羽化した.途中で解剖して顕微鏡でみたところ,*Copidosoma* の先に出た型の幼虫が他種の幼虫に噛みついているの

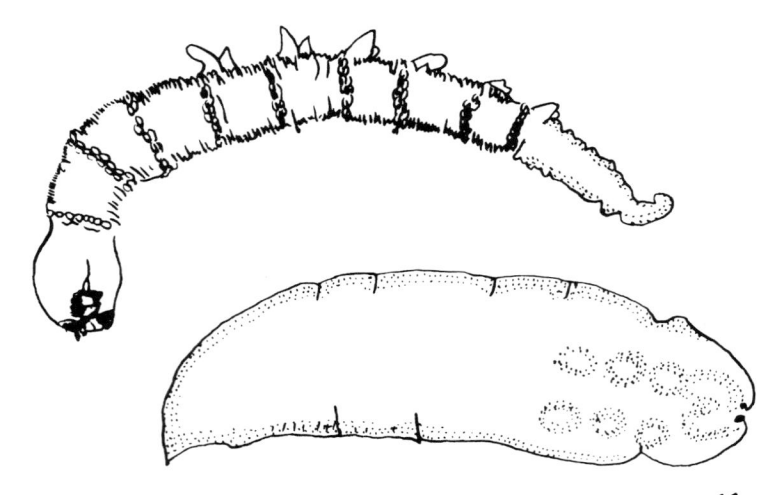

図23　トビコバチの 1 種 *Copidosoma tanytmemus* の防衛型幼虫（上）と通常型幼虫（下）．防衛型幼虫は蛹化せずに死ぬ．他の寄生バチの幼虫が寄主体内にいると噛みついて殺す（Cruz, 1981 より描く）．

がみられ，29 例すべてが前者の勝ちであった．
　すなわちこの幼虫は防衛型幼虫なのであり，自らは子を残さず死ぬ．1 匹の寄主体内の本種の各幼虫は 1 つの卵から分裂によって生じたものであり，遺伝子型は全く同一だから血縁度は 1 である．Cruz の発見はアメリカでは長いこと注目されなかったが最近多くの仕事が出てきた（Giron et al. 2004 参照）．日本のキンウワバトビコバチ（図鑑には *Litomastix maculata* と出ているが図 23 と同属の *Copidosoma floridanum* とシノニムだという）も兵隊幼虫を作ることが農工大の岩淵喜久男氏ら（Utsunomiya & Iwabuchi, 2002 など）により報告された．1 卵が寄主体内で 1000 匹以上の幼虫となり，数十匹が兵隊型となるが，共寄生のときは兵隊率が上がるという（岩淵ら，未発表）．

2-5　不妊の兵隊カスト

兵隊アブラムシの発見
　以上のように，さまざまな昆虫で親による子の保護や親子の共存が発見されていながら，カストを伴う真社会性は 1976 年までシロアリ目とハチ目以外では見つからなかった．この両グループのカスト分化はファーブルよりずっと前

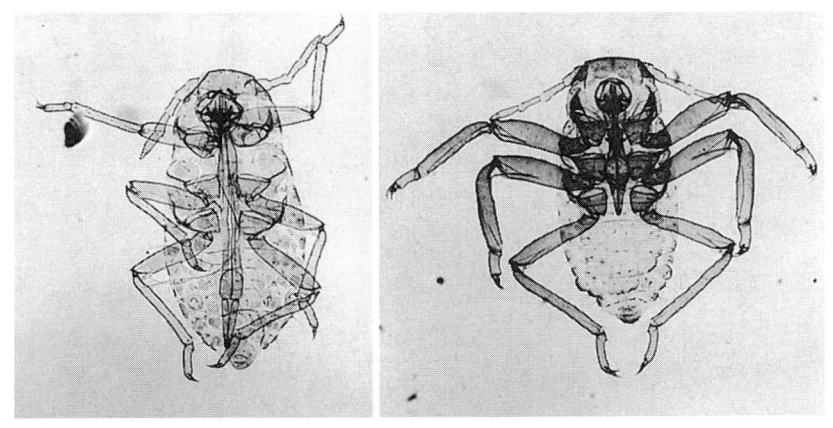

図24　ボタンヅルワタムシの普通型（左）および兵隊型（右）1齢幼虫（Aoki, 1977の有名な写真）.

から知られていたのだから，先に書いたように1000年以上も真社会性の範囲は広がらなかったことになる．

　この長い空白を破ったのは，1976年に愛知県下で開かれた日本昆虫学会大会での北海道大学大学院生（当時）青木重幸（現在立正大学教養部）の発表であった．彼はボタンヅルという草に寄生するボタンヅルワタムシというアブラムシが2つの型の幼虫を産むことを発見した．1つの型は通常のアブラムシの幼虫だが，他方は口吻が短く，前・中脚が異常に太く長い幼虫である（図24）．

　この幼虫は非常に攻撃的で，ピンなどで刺激すると両脚を持ち上げ，それを素早く開閉しつつピンにつかみかかってくる．また捕食者であるヒラタアブの幼虫などをつけてやると，これに飛びかかって前・中脚でしがみつき，口吻で刺すことが観察された．驚くべきことにこの型の幼虫はけっして2齢幼虫に脱皮せず，1齢で全部死んだ（天敵と戦えば大概死ぬ．しかし天敵と戦わないでも死ぬのである）．

　すなわち，前・中脚の大きい幼虫は自ら子を残せない防衛役，カストだったのである！　本種の胎生で子を産むメス成虫を解剖してみたところ，腹の中から普通の幼虫と兵隊型の幼虫とが出てきたので，1匹の親が2つの型を産み分けることもわかった［アブラムシの真社会性については青木（1984，2000）の日本語解説とItô (1989)，Stern & Foster (1996)，Aoki (2003) を参照］．

　その後青木は，同様な多型を続々と発見している．ボタンヅルワタムシ型の

第2章　ハチ・アリとシロアリ以外の節足動物の社会　●　43

図25 クサボタンにできたクサボタンワタムシのコロニー.これにも兵隊型幼虫がいる(長野県戸台で筆者撮影).

図26 ヒラタアブ1種の幼虫に角を突きたてているタケツノアブラムシの兵隊型幼虫(前脚と中脚のあいだには右下向きの口吻がみえ,口吻で刺すのでないことがわかる.大原賢二氏撮影のカラースライドから焼き付けたもの).

兵隊カストをもつアブラムシは，ほかにクサボタンワタムシ（図25）など数種で知られた．また，前脚が発達するかわり（？）に，頭部にツノのある兵隊カストをもつ種が，アレクサンダーツノアブラムシ，ササコナツノアブラ，タケツノアブラなどツノアブラ属にある．これらの種の1齢幼虫の一部は，発達した角をもち，テントウムシの幼虫などが近づくと，これに飛びかかり，頭の角で刺す（図26）．これらの兵隊型1齢もけっして成虫にはなれない．

鹿児島のタケツノアブラの生息地では，自然条件下で実際に本種の兵隊が頻繁に捕食者を攻撃し，捕食者と共に地上に落下して死ぬことが観察された．なおこの型の兵隊型幼虫はドイツのU. Maschwitzらによりマレーシアでも発見された．

兵隊カストがどんな経路で進化したかはわからないが，示唆的な事実はある．青木はボタンヅルワタムシやクサボタンワタムシが1次寄主であるケヤキの虫こぶ内に産みつける1齢幼虫が2次寄主のボタンヅルやクサボタン上の兵隊とよく似た形をし，防衛行動も行うことを見いだした．ただしこの場合は多型はなく，どの個体も成長できる．また青木らはツノアブラムシの仲間のカンシャワタムシの1齢幼虫が角で天敵ヒラタアブの卵を突きつぶすのを観察している（この場合も2型はない）．こういう性質が前適応となって，どこかで2型が生じたのかもしれない．

アブラムシに真社会性が発見されたのは，包括適応度・血縁淘汰の理論からいってもあまり不思議ではない．なぜなら，アブラムシという虫は単為生殖と有性生殖（受精による卵発生）を交代で繰り返す特殊な生活史をもっていて，普通1年の大半を単為生殖で過ごすので，虫こぶ内（普通1匹のメスの産んだ子供が占有する）はもちろんのこと，群生している集団内の個体間の血縁度は1であることが多い．それゆえ，わずかの利益でも利他性が進化すると想像されるのである（もっともこの仮定は，タケツノアブラムシなどの集団で，もし頻繁に個体の入れ替えが起こっていると成立しない）．

名古屋大学大学院生（当時）の田中新はタケツノアブラムシおよび同じく不妊の兵隊をもつコウシュンツノアブラムシのメスごとの産仔経過を調べた．それによると，コウシュンツノアブラムシのメスは最初20匹ぐらいの普通型幼虫を産み，ついで兵隊型を産んだ．サンプルが少ないがタケツノアブラムシも基本的に同じようだ．これは最初に不妊カストを産み後で繁殖カストを産む他の真社会性昆虫と完全に反対である．アブラムシのコロニーはまだ小さな初期

段階では天敵に発見されにくいと考えると，後で兵隊を出すことが適応的とみることができる．

アブラムシの不妊カストは最初防衛だけするものと考えられたが，その後すんでいる虫こぶの清掃や修理（つくられた穴に分泌した粘液を塗りつける）もすることがわかった（柴尾ら，2003 と Aoki, 2003 参照）．なおアブラムシの真社会性進化は虫こぶをつくってその中にすむ性質と結びついているようだ．アザミウマでは発見されたのは虫こぶをつくる種のみである．隠れ家であり餌でもある虫こぶ生活が（アンブロシャ甲虫の木材中の坑道同様）重要な進化要因となったのであろう．なお Hamilton (1972) は青木の発見の5年も前にアブラムシに不妊の利他個体がいる可能性があると示唆していた．

2-6　アブラムシ類のその他の社会関係

虫こぶ形成場所の防衛

虫こぶをつくるアブラムシのことをフシアブラムシと総称するが，これらにはその一部でみられた「兵隊カスト」のほかにも興味ある社会関係が多い．

アメリカの T. G. Whitham (1979) は，ポプラの1種の葉に虫こぶをつくるワタムシ科の *Pemphigus betae* というアブラムシが，虫こぶ形成場所をめぐって争うことを報告した．本種は春，アブラムシ用語で幹母と呼ばれるメス虫が卵から孵化し，展開中の新葉にやってきて口吻を差し込む．すると口吻から出るホルモンによって，葉の成長にアンバランスが生じ，葉に「こぶ」ができ，幹母はその中に閉じ込められてしまう．そして幹母はこのこぶが成長してゆく過程で成虫となり，単為生殖でこぶ内に幼虫を産む．幼虫（種によっては孫幼虫）は夏に羽化し，やはりホルモンのアンバランスで自ら裂開した虫こぶから脱出するのである．

ところで，本種の幹母は，新葉へやってくると，葉の付け根に近い主脈上に定着しようとする（この部分が一番栄養が豊富なのだ）．そして，そこに他の幹母がやってくると，足でけりあって闘い，勝ったほうが良い場所を占め，負けたほうは葉先の細い葉脈上に定着するのである．良い場所の虫こぶは大きくなり，中の子に良い栄養を提供する．

同じような縄張り行動は，最近日本のフシアブラムシでも発見された．その1つは，ドロノキに虫こぶをつくるドロトサカワタムシで，青木重幸・牧野俊

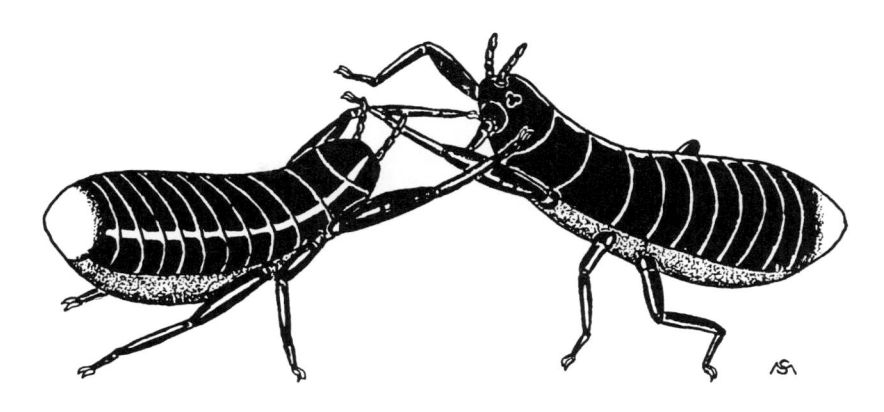

図27　ドロノキに虫こぶをつくるドロトサカワタムシの幹母が虫こぶを守るために闘っているところ（Aoki & Makino, 1982 より）.

一によると，春に卵からかえった幹母が若葉の適当な位置を占めて虫こぶをつくるのだが，そのさい他個体のつくりかけた虫こぶに侵入しようとする個体があり，虫こぶの所有権をめぐって1齢幼虫間に激しい戦いが起こり，結局は1匹の幹母が虫こぶを独占する．幹母1齢幼虫の形は2，3齢幼虫と違い，からだが暗色で硬く，前脚がとても発達している（図27）．このため，本種の虫こぶをあけてみると，しばしば生きた幹母にまじって幹母幼虫の死骸がみられるという．幹母1齢幼虫がこのような兵隊に似た形をしているのは縄張り防衛をしない種にも共通している．この変異が兵隊カストをつくり出すための前適応であったのかもしれない．

なお，アブラムシでは2亜科60種以上で兵隊カストが知られているが，Johnson et al. (2002) はアブラムシの真社会性は少なくとも17回独立に進化したと考えている［他のグループの真社会性の起源回数の推定値も松浦（2005）に表示されている］．

フシアブラムシに盗み寄生するガ

1980年に，当時名古屋大学学生だった木村健治はイスノキにできるアブラムシの虫こぶ内からガの幼虫を発見した．私と農林水産省農業技術研究所（当時）の服部伊楚子はこのガ（クロフマエモンコブガという）を詳しく調べ，このガがフシアブラムシ類の「盗み寄生者」であるという結論に達した．

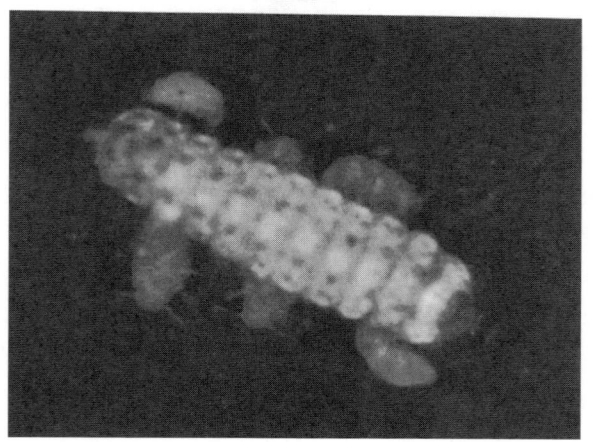

図28 上:イスノフシアブラムシの虫こぶ内に侵入して虫こぶ組織を食うクロフマエモンコブガの幼虫.下:コブガの幼虫を入れてみたところアブラムシの1齢幼虫だけが攻撃した.

　イスノキには少なくとも10種のアブラムシが,それぞれ異なった形の虫こぶをつくる.葉にできるものもあれば,芽が変形して巨大な果実のようになったものもある.クロフマエモンコブガは名古屋市周辺では幼虫または蛹で越冬し,幼虫はまず4月にヤノイスアブラムシという種が葉につくる小さな虫こぶ(虫こぶの名はイスノハフシ)に侵入してその内部を食う.ヤノイスアブラムシは食物源を荒らされて死ぬ.

クロフマエモンコブガの次世代の幼虫は別種イスノフシアブラムシが5月につくるイチジク状の緑色の虫こぶ（イスノフシ）に穴をうがって侵入し，虫こぶの内壁組織を食う（図28）．この結果，イスノフシアブラムシも死んでしまう．こうして本種は夏のあいだイスノフシ上で2, 3世代を繰り返すが，8月も末ともなると，大部分のイスノフシは寄生されて変質し，残ったものも表皮が硬化して幼虫が食い込めなくなる．するとマエモンコブガは，9月に別種イスノタマフシアブラが形成するパチンコ玉くらいの虫こぶ（イスノタマフシ）に寄主転換し，これを食うのである．このガが虫こぶに直接産卵することや，イスノキの葉だけでは育てないこともわかった．すなわちこのガは自分の生活史をイスノフシアブラムシ類に極度に適応させている．

　さらに1985年，黒須詩子はイスノフシアブラムシの虫こぶを開けて，中のアブラムシを針の先でつつくと，1齢幼虫が攻撃姿勢を示すことを見つけた．私と名古屋大学院生（当時）の西谷いずみが半分に割ったイスノフシに小さいコブガ幼虫を入れてみたところ，1齢幼虫がたくさんこれにとりつき，何匹かはコブガ幼虫のからだに口吻を差し込んでいることがわかった（Kurosu et al., 1995）．

2-7　アザミウマの真社会性

　多くの重要な農業害虫を含むアザミウマ目（スリップス）もたぶんすべてが単数・倍数性であり，Hamilton (1972) も，真社会性の存在を予想していた．しかしアザミウマには相当進んだ子の保護が発見されていたものの，真社会性の報告はごく最近のことである．

　一部のアザミウマに，種内にすごく大きく硬化した前脚をもつ個体ともたぬ個体の分化があることは，分類学者には以前から知られていた．1990年インドで開かれた国際社会性昆虫学会で，B. J. Crespi は前者が多少とも不妊の兵隊である可能性を示唆した．

　1992年の10月，Crespi はついに，オーストラリア産の虫こぶをつくるアザミウマが真社会性だと報告した．報告されたのは *Oncothrips habrus* と *O. tapperi* の2種で，どちらもアカシアの仮葉に虫こぶをつくる．つくるのは1匹の受精した長翅のメスで，虫こぶが閉鎖するとその中に産卵しはじめる．子供は虫こぶ内で短翅または長翅の成虫に羽化するが，前者は後者より長く太い

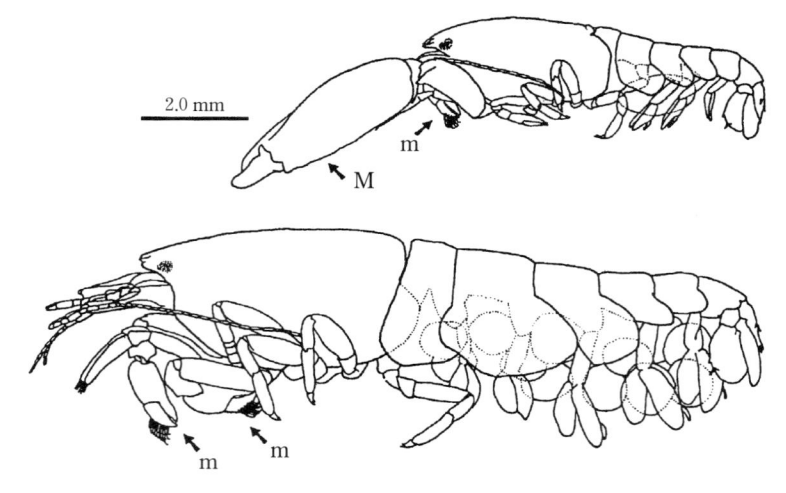

図29　真社会性のエビ *Synalpheus filidigitus* の女王の形態変化. 上：個体数4匹のコロニーから得られた小型雌. 抱卵数は1で大型のはさみ（M）をもつ. 下：女王メス. 抱卵数は29で大型はさみがなく, 2つの小型はさみ（m）をもつ（ダフィー, 2003；『遺伝　別冊16号』裳華房）.

前脚をもっている. 形成2週目の虫こぶ多数を分解したところ, 各虫こぶに長翅の創設メス1匹, 3〜20匹の短翅メス, 0〜5匹の短翅オス, 短翅の蛹および長翅に羽化する数十匹の幼虫が入っていた. 短翅が早く羽化するわけである. Crespiが虫こぶに小穴を開けると, 短翅の成虫がそこに来て頭を外に向けて静止し, この穴から他のアザミウマ（アザミウマの虫こぶにはよく他種が入り込み, その主を殺して利用する）や虫こぶを食うガが入ろうとすると攻撃した. 長翅の成虫もときには攻撃したが, 短翅の攻撃のほうがずっと多かった. 半分に切ってガラス板で覆った虫こぶで観察すると, 短翅は前脚で敵をつかみ, 刺すことがわかった. また解剖してみると, 短翅にも発達した卵巣をもつ個体はあったが（したがって本種の兵隊は完全不妊ではない）, その率は長翅より有意に低かった. こうしたことから, 彼はこの2種が真社会性だと結論したのである. アザミウマでは兵隊はオス, メス両方である. 単数・倍数性ならハチ目のようにメスだけがワーカーになる筈だがなぜか？　Chapman et al. (2000) はDNA法（広義）のなかのマイクロサテライト・マーカーによる研究で, 近親交配の率が極めて高いことを示し, 単数・倍数性のかわりにこれが虫こぶ内

50

個体間の血縁度を高め,また血縁度の性差(姉妹間 3/4,姉弟間 1/4,p.8)を減らしており,それによってオスの兵隊も進化したろうと考えている.アザミウマについては斉藤編 (1998) の工藤と,土田 (1995) および Crespi & Mound (1997) を参照されたい.

2-8 テッポウエビの真社会性

テッポウエビ (*Synalpheus* 属) はサンゴ礁にすむカイメン (海綿) の中で一生を暮らすエビである.餌は海綿がつくる有機体や分泌物である.このグループの中に 1 個体のメスだけが産卵し,成体になった子が繁殖行動をしないでとどまる種が 6 ないし 7 種発見された (数匹のメスが産卵する種もあるが,*S. regalis* と *S. filidigitus* はつねに 1 匹).繁殖しない個体は海綿の防衛をする.産卵メスを女王エビと呼ぼう.女王エビは他の個体と違って水噴射のできる大型のはさみを失い,攻撃的でない (女王は同巣の他個体も攻撃しないので,繁殖しない個体はメス間競争の結果ではない.図 29).エビ類は倍数性だが,真社会性種のコロニー内個体間の血縁度は高い.その理由は虫こぶ同様の長期間利用できる狭い隠れ家と餌の利用および分散がきわめて制限されていることによるらしい (以上はダフィー,2003 と Duffy, 2003 による).

補遺:血縁度の推定

同巣個体間の血縁度の推定は真社会性進化の研究において不可欠であるし,以下の章で述べる精子競争や性比変化の研究にも欠かせない.これには従来は完全にマークした幼虫,蛹,成虫の徹底的な観察か放射線で不妊化した個体を使う以外にほとんど方法がなかったが,DNA 指紋法 (広義) の発展が新しい可能性をひらき,いまでは動物行動学の学会でたくさんの発表がこれによる推定値を入れている.DNA 指紋法そのものについては関連書をみることにして,これにより推定した遺伝子頻度のデータから血縁度を計算する,重要な 2 つの方法が土田 (1996) により解説されている.

血縁度の性差と真社会性昆虫の性比については,松浦健二 (2005) の広汎な総説を参照されたい.

第3章

性淘汰
シカの角やクジャクの「尾」は
どうして進化したか？

3-1 性淘汰

ダーウィンの先見

　ダーウィンの著書のうち『種の起原』と『ビーグル号航海記』（どちらも岩波文庫所収）は日本でもよく知られているが，彼が1871年に書いた『人間の由来と性と関連した淘汰』という本のことはあまり知られていない（この本は日本では戦前『人間の由来』という題で出ただけでほとんど手に入らなかったが，最近新訳された──『人間の進化と性淘汰, I, II』長谷川眞理子訳）．ところがこの古い本が最近とてもよく引用されるのである（図30）．
　この本の中でダーウィンは，クジャクのオスの美しい尾羽（本当は尾でなくて上尾筒というが）や牡ジカの巨大な角は，それが普通の自然淘汰では説明できず，性を通じた淘汰（性淘汰または性選択 sexual selection）で説明すべきだ，と述べた．すなわち，尾羽や角が大きすぎることがもし天敵からの逃避能力を低めたりするとしても，そのような性質をもつオスが配偶者を得やすいならば，この性質は進化すると考えたのである．さらにダーウィンは性淘汰の2つの型を区別した．
　「性的な闘争には二つの種類がある．一つは同性の個体間で，競争者を追い出したり殺したりする闘争であり，たいていは雄どうしの間で闘われる．これに関して，雌は受動的にとどまっている．もう一方の闘いは，これも同性の個体間で闘われるものだが，異性，たいていは雌を，興奮させたり魅了したりするための闘争である．ここでは雌は，もはや受動的にとどまってはおらず，よりよい配偶相手を積極的に選ぶ．」（前掲書 II, 457 ページ）
　このダーウィンの分類は J. Huxley (1938) によってそれぞれ同性内淘汰 (intrasexual selection) と異性間淘汰 (intersexual ないし epigamic selection)

と呼ばれた．

　性淘汰，次章の精子競争および第 5 章の性比については，日本語の入門書として長谷川の 2 冊（2005 − 性淘汰，1996 − 性比）があり，やや専門的なものとしてはクレブス・デイビス（1993）とバークヘッド（2000）の本の邦訳（それぞれ 1994, 2003 年）もある．英文書としては Andersson（1994, 入門用に最適），Eberhard (1996), Simmons (2001), Arnqvist & Rowe (2005) などがある．Simmons の本は「昆虫の」という副題がついているが昆虫以外の人にも役立つ精子競争のテキストである．Arnqvist & Rowe は最近までの論争史を 30 ページもの文献表をもとに論じた本である．もちろんウィルソン『社会生物学』はこれらの問題すべてを（1975 年までの知識ではあるが）詳しく解説している．

　定義をしなおすと次のようになる．
（1）同性内淘汰：交配相手（通常メス）をめぐって争うための（通常オスがもつ）武器などを進化させた淘汰．
（2）異性間淘汰：その性質をもつことによって交配相手（通常メス）に好まれる性質を進化させた淘汰．

オス同士の闘い——同性内淘汰

　同性内淘汰というのは，ある性（普通はオス）の個体同士が異性を獲得するために闘い，勝者がより多くの子を残す過程をいう．このため，戦いに勝つような大きいか

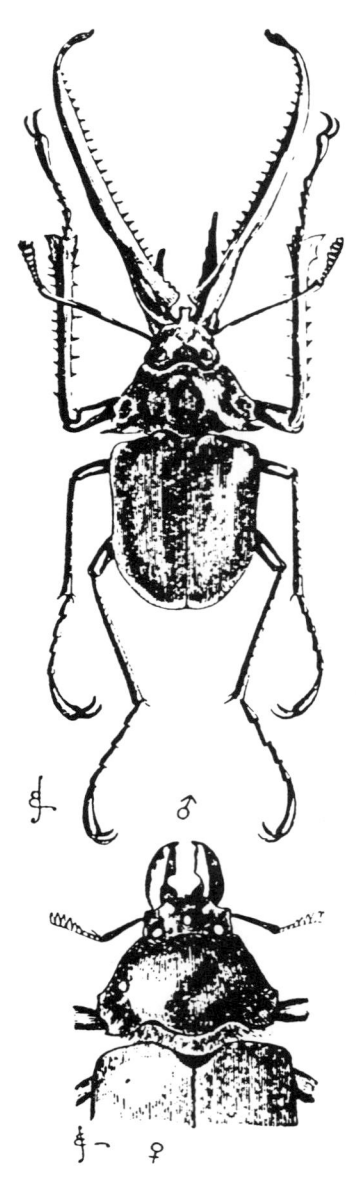

図30　ダーウィン『人間の進化と性淘汰』中のコガシラキバイクワガタ *Chiasognathus grantii* のオス（上）とメス（下）．

らだや立派な武器（角）などが進化する．その典型にハレムをつくる動物がある．

　ゾウアザラシは繁殖期にたくさんの個体が孤島の断崖に集まるが，その中心部にいるのは巨大なオスの成獣たちで，彼らだけがそのまわりのメスと交尾する．しかし若いオス，小型のオスは周辺に追いやられ，交尾できない．ゾウアザラシのオスはメスよりはるかに大きいが，これは大型のものがより多くのメスと交尾でき，大きく育つような遺伝子をたくさん子孫に残せたからだと思われる．

　シカの巨大な角もメスをめぐるオス間の争いで役立つことが確かめられている（111ページも参照）．ダーウィンは甲虫の角は闘争の（同性内淘汰に勝つための）武器ではなく，メスがそれを魅力的だと思う飾り（すなわち異性間淘汰の産物）だと考えたが，イギリスのシェフィールド大学にいるSiva-Jothyが名古屋大学内の森で確かめたところによれば，カブトムシの大きい角をもったオスは他のオスとの闘争に勝ってよく交尾できるので角は武器である．

　このように同性内淘汰は証明が比較的容易で，この存在は性淘汰説の提案から間もなく認められた．しかし異性間淘汰は長いこと疑問視されてきた．その原因の1つはメスが実際に配偶者として特定のオスを選ぶこと，すなわち配偶者選択（mate choice）があることの証明がきわめて難しいことだが，擬人主義からの脱却が叫ばれていた19世紀後半から20世紀初頭の動物学界（生理学者が重要な役を果たしていた）で強かった「動物のメスが人間のように相手を選ぶことなどあるものか」という観点や，男性優位の風潮からの「メスがオスを選ぶなんて」という見方も影響したのである（92ページ）．

3-2　異性間淘汰——メスの配偶者選択

(1) 婚姻贈呈—理由の明らかな選択・オスの貢献

　そのなかで配偶者選択がよく証明されているのは婚姻贈呈（nuptial gift）といってオスが交尾のさいメスに贈り物をする行動である．

　この現象は昆虫のシリアゲムシ目に属するガガンボモドキとシリアゲムシ，半翅目のカメムシ，双翅目のショウジョウバエなどで知られているが，アメリカのThornhillが調べたツマグロガガンボモドキの例を紹介しよう．

　本種は初夏にアメリカ南部の森林にみられる肉食性の昆虫である．成虫は森

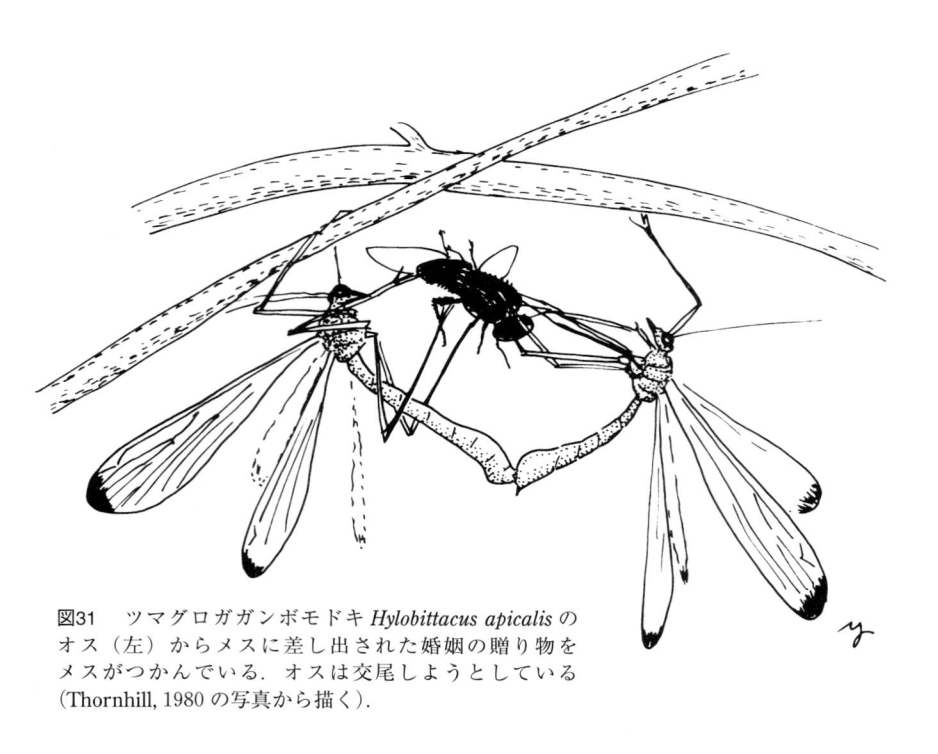

図31 ツマグロガガンボモドキ *Hylobittacus apicalis* のオス（左）からメスに差し出された婚姻の贈り物をメスがつかんでいる．オスは交尾しようとしている（Thornhill, 1980 の写真から描く）．

　林中を飛び回ってハエや有翅のアブラムシを捕らえ，これを食う．ところが交尾期にはオスは取った肉を全部自分では食わないで，もったまま小枝にぶら下がり，性フェロモンを放出する．フェロモンにつられてメスがやってくると，オスは餌を差し出し，メスがこれを食っているあいだに交尾する（図31）．
　Thornhill (1980) はオスの差し出す餌が小さいか，まずい餌（たとえばテントウムシ）のときはメスは交尾を拒否するか，ほんの短時間で交尾を打ち切って飛び去ることを知った．そこで室内でオス・メスを交尾させ，いろいろな時間で交尾をやめさせてメスを解剖し，受精のうの中の精子の数を数えた．その結果，受精のうに精子が入るには最低5分の交尾が必要で，精子数は約20分後に最大になることがわかった．だから餌が味が良く，十分な大きさのものであることが，交尾の成功のためには不可欠なのである．
　オスにとって，自分の餌だけでなく，メスにやる餌まで捕らえるのは危険な行為である．実際 Thornhill は，クモの巣にかかって死ぬ数がオスのほうがずっと多いことを明らかにしている．したがってガガンボモドキの婚姻贈呈は普通の自然淘汰では説明できず，性淘汰，それもメスの配偶者選択によって進化

0.4

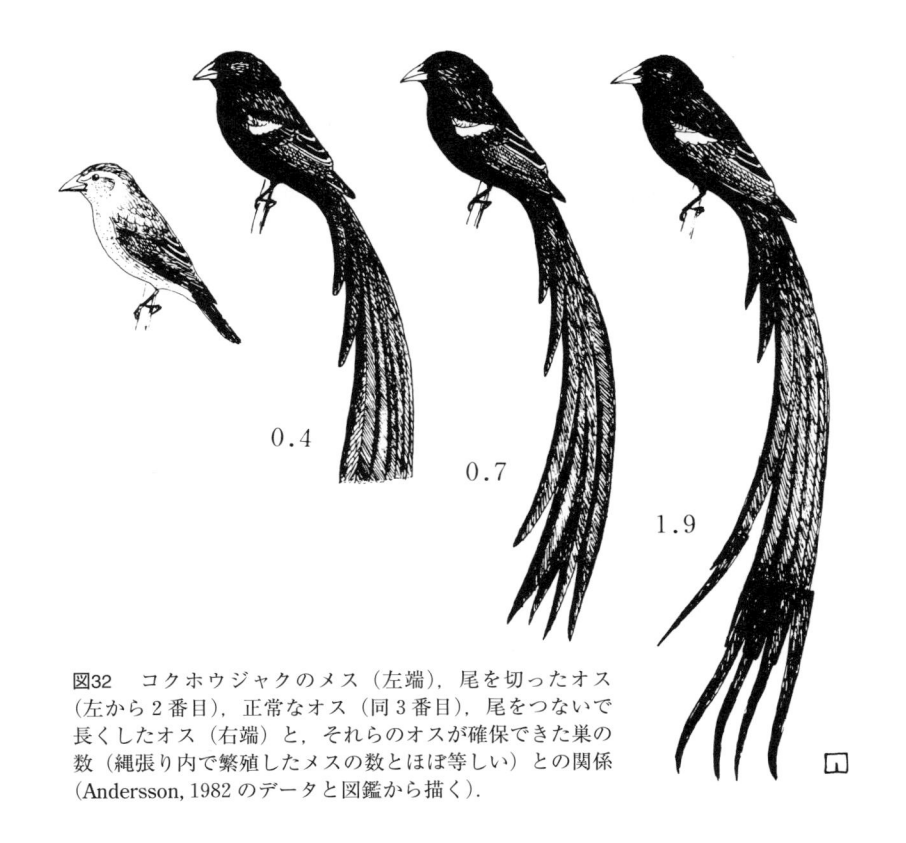

0.7

1.9

図32 コクホウジャクのメス（左端），尾を切ったオス（左から2番目），正常なオス（同3番目），尾をつないで長くしたオス（右端）と，それらのオスが確保できた巣の数（縄張り内で繁殖したメスの数とほぼ等しい）との関係（Andersson, 1982のデータと図鑑から描く）．

したと考えてよいだろう．

　理由の明らかな選択としては，このほかにオスの体格の選択（オスによる子の世話の度合いに影響する場合など）などがある．これらはオスの直接の貢献で，狭義の配偶者選択には入れにくい．これに対し，求愛にも子育てにもオスの貢献がないのにメスが特定の型のオスを好む現象こそ，配偶者選択の中心問題とされてきている．

(2) 配偶者選択――理由のわかりにくい選択
長い尾のオスが選ばれる：アフリカのコクホウジャク
　しかし婚姻贈呈のように特殊な例以外ではメスによる配偶者選択の証拠はほとんどなかった．たとえば，昆虫の集団発生地で交尾していたオスと交尾していないオスの体のサイズを比べたら前者のほうが大きかったとしても，それだ

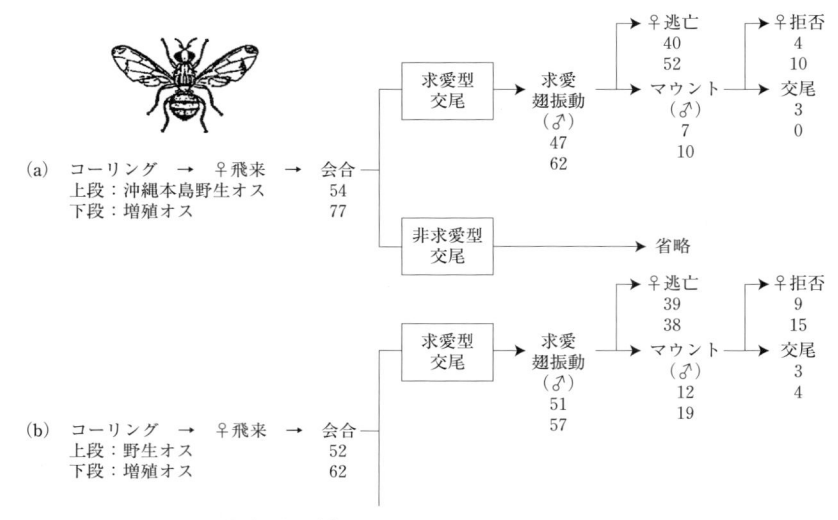

```
                                                    ♀逃亡      ♀拒否
                                                     40         4
                                          求愛型      52        10
                              求愛型       翅振動    マウント   交尾
                              交尾         (♂)      (♂)        3
                                           47         7         0
(a) コーリング → ♀飛来 → 会合            62        10
    上段：沖縄本島野生オス    54
    下段：増殖オス            77
                              非求愛型
                              交尾    ──────────→ 省略

                                                    ♀逃亡      ♀拒否
                                                     39         9
                                          求愛型      38        15
                              求愛型       翅振動    マウント   交尾
                              交尾         (♂)      (♂)        3
                                           51        12         4
(b) コーリング → ♀飛来 → 会合            57        19
    上段：野生オス            52
    下段：増殖オス            62
```

図33 ウリミバエの配偶行動．(a) 沖縄本島産のメスが同じく本島産の野生オス（数字上段）および累代大量増殖系のオス（数字下段）と出会ったときの行動連鎖（Hibino & Iwahashi, 1989）．(b) 石垣島産のメスが石垣島野生オスおよび累代増殖系のオスと出合った場合（Hibino & Iwahashi, 1991）．

けではメスが大型のオスを選んだのか，大型のオスが小型のオスを追い払ってメスと交尾できたのか，また大型のオスが早く歩き回れた結果にすぎないのかわからない．この最後の点は個体差にも関連してくる．

配偶者選択がみごとに証明されるには，1982年のAnderssonのコクホウジャクの報告を待たねばならなかった．コクホウジャクはアフリカのサバンナにすむ鳥で，オスは黒いからだに長い尾をもち，肩のところに赤白の美しい紋がある．メスは褐色で尾が短い．Anderssonは野外でオスの尾を切ったり接着剤でつないで自然より長くしたりして，これらのオスがどのくらいのメスを縄張り内に確保できるかを調べた．その結果は図33の中の数字のように，尾を切ったオスは確保できたメスの数が減り，尾を長くしたオスは増えた．この場合，実験前のメス確保数にはあまり差がないオスを選んで調査を行ったので，オスの強さなど，個体差の影響は除かれている．また，人工的に尾をつないだオスが突然活発に動くということもないだろうから，尾の長いオスほど活発なわけでもない．それゆえ，メスが尾の長いオスを選んでいることは明らかである．『人間の進化と性淘汰』出版の111年後のことだった．

害虫ウリミバエにおける配偶者選択の進化

　ウリミバエはキュウリやゴーヤなどのウリ類やトマトなどの果菜，あるいはマンゴーなどの熱帯果実の害虫である．本種は1920年頃おそらく台湾から八重山諸島に侵入し，その後奄美大島以南の島々に定着した．本種の本土侵入を防ぐため政府は寄生植物と果実の日本本土への移出・販売を禁止していた．移出をするには根絶が必要で，そのために「不妊虫放飼法」という方法が使われ，1972年から1993年までかけて根絶が成功したのである．

　不妊虫放飼法というのは，根絶したい害虫を増殖施設で人工餌を使って増やし，これに放射線を照射して「不妊化」して野外に放す方法である．被照射オスは飛べるしメスと交尾ができ，生きた精子をメスに注入できるが，この精子には優性致死突然変異が生じていて，これを受け入れた野生メスの卵は孵化しない．このため野生オスよりずっと多い数の不妊オスを放飼すると大部分の野生メスの卵は孵化しなくなって次世代の個体数が減り，その後も大量放飼を続けると害虫は根絶される（伊藤・垣花，1998参照）．

　この方法が成功するためには，大量増殖し放射線照射した「不妊オス」が野生のメスに交尾相手として受け入れられねばならない．ところが何世代も工場内で超高密度の大量増殖を続けていると，野外での交尾能力が低下することがわかっていた．当時名古屋大学研究生だった日比野由敬は琉球大学の岩橋統とともにこれを調べた．

　野外アミ室の中にマークをつけた野生オスと大量増殖オスを放し，野生メスも入れて交尾を観察する．図33（a）は沖縄本島産野生オスを放したときと大量増殖オス（工場内で数十世代経過）を放したときの行動連鎖である．これをみると沖縄本島野生オスは54回野生メスと出会い，翅を振るわせる求愛行動を47回したが，そのうち40回はメスが逃げてしまい，メスの身体にマウントしたのは7回，そのうち4回はメスに交尾を拒否され，交尾にいたったのはわずか3回だった．求愛に対する交尾成功率は約6.4％，これはウリミバエのメスが配偶者選択していることを示す（Hibino & Iwahashi, 1989；Anderssonのわずか7年後）．ところが図（a）の下側の数字をみると，増殖オスは62回求愛し10回マウントで，この率は野生オスと変わらないが，メスは全回交尾を拒否し，成功率0％だった（図に出してない別の実験では野生オスの成功率11％，増殖オス0％）．野生メスは増殖オスの求愛を拒否しているようだ．

　この実験をしたのは沖縄本島のウリミバエが不妊虫放飼で根絶に近づいてい

た頃だった．たまに取れたメスから1世代増殖して野生虫としたのである．

　図33（b）はまだ不妊虫放飼をしていなかった石垣島の野生虫を使った結果である．これをみると野生オスは石垣島野生メスに51回求愛し，マウント12回，交尾3回で交尾成功率5.9％．これは沖縄本島の値とあまり違わない．しかし石垣島野生メスは大量増殖オスとも求愛57回中4回交尾している（成功率7％）．率に差はない．なぜだろうか？　他の実験もしたのちにHibinoらが下した結論は，はじめはどちらの島にも野生オスの求愛方式と少し違う増殖オスの求愛型でも受け入れるメスの系統がいたが，こういうメスは沖縄本島では不妊オスと交尾してしまって子を残せず，この系統は減少してしまい，ついにはオスの求愛を厳しく選択する遺伝子型だけが残ったということだった（Hibino & Iwahashi, 1991）．ウリミバエにメスの配偶者選択があり，しかも不妊虫放飼という人為淘汰圧のもとで選択の進化が起こっていたのである．

　このようにダーウィンの予見した配偶者選択は，少なくとも一部の動物の性的二型や特殊な配偶行動の進化に確かに関与していることがわかってきた．同性内淘汰の代表とされるゾウアザラシにさえメスによる配偶者選択も効いているらしいという．

3-3　動物のオスはなぜ美しいか？

　ここでまた鳥のオスの長い尾の問題に戻ろう．なぜコクホウジャクのメスは長い尾のオスを選んだのだろう？　尾が長いオスは天敵が襲ってきたときに逃げにくいし，生活に必要なエネルギーも余計要る．しかもクジャクの尾のように美しければ天敵に見つかりやすいだろう．動物界にはオスがメスより美しかったり，目立った行動をする種が多い．これは人間の目でみてのことだが，配偶者選択の状況からみて，メスも違いを認識しているのだろう．こうしたオスの美しさの進化に関する理論は次の3つに分けられよう．

　　　（A）両性同時進化モデル（ランナウェイ説，ハンディキャップ説，
　　　　　良質遺伝子説）
　　　（B）感覚便乗モデル（sensory exploitation model）
　　　（C）雌雄対抗モデル（チェイスアウェイモデル，chase-away model）

1970年代まではAだけが論じられていた．Bが論議に登場したのは1980年代から，Cはほぼ1990年代からのことである（先駆的な研究はあったが，

有名な学術誌で多くの論議が行われるようになった年代).（B）はランナウェイ開始のきっかけともなるもので,（A）と一緒にすべきか,とも考えたが,（A）がメスの選好性とオスの標的形質の両方が同時に進化したと考えるのに対し,（B）はメスの選好性が先に進化したと考える点が違うので,別とした.『動物生態学　新版』（嶋田ら, 2005）の関連部分（pp. 534-539）ではハンディキャップ説と良質遺伝子説は一緒にして, 1）ランナウェイ, 2）ハンディキャップ, 3）感覚便乗, 4）チェイスアウェイと分けている.

　まずAから入ろう．これはオスの自然淘汰上損だと思われる目立つ特性とメスがそれを選考する性質が同時的に進化したとみる考え方である．

A-1.　フィッシャーのランナウェイ説

　有名な統計学者で集団遺伝学の創始者の1人であるフィッシャー（R. A. Fisher）は1929年にこの説明を提出していた．この問題への最初のアプローチである．

　コクホウジャクやクジャクの尾があまり長くなかった過去の時代に，平均より少し長い尾をもったオスは，からだが丈夫でよく育ち，尾へも十分栄養を供給できるような遺伝形質をもった個体だったと考えよう．

　するとこういう少し長い尾をもったオスを好む遺伝的性質をもつメスは，丈夫な子を残せるだろう．そしてその娘は母親の性質を受け継いでまた長い尾のオスと交尾する傾向をもつだろう．こういう娘が多いなら長い尾をもつ息子も多くのメスと交尾でき，その形質は個体群中に増えてゆく（図34）．

　いったんこういうメスの性質が広がってゆくと，こんどは少しでも長い尾をもつオスが多くのメスとつがえることになり，メスの選択がオスの尾を長くさせる淘汰圧となる（尾の長い息子は「魅力的な息子」sexy son になるわけだ）．こうしてメスはしだいに生存に不利なほど長い尾をもつ交尾相手を選ぶようになる．こうしたオスは3年生きて繁殖するところを捕食のため2年で死ぬかもしれないが，その短い寿命の間にたくさんの交尾ができるので結局尾を長くする遺伝子をたくさん残す．こうして尾の長いオスを選ぶメスの性質と，尾を長くするオスの性質とが共進化したというのが Fisher の考えである（次ページもみよ）．尾を長くするオスの遺伝子と尾の長いオスを好むメスの遺伝子はともに増えてゆく．

　このような尾の発達は，尾が長いため多数のメスとつがえる利益（性淘汰上

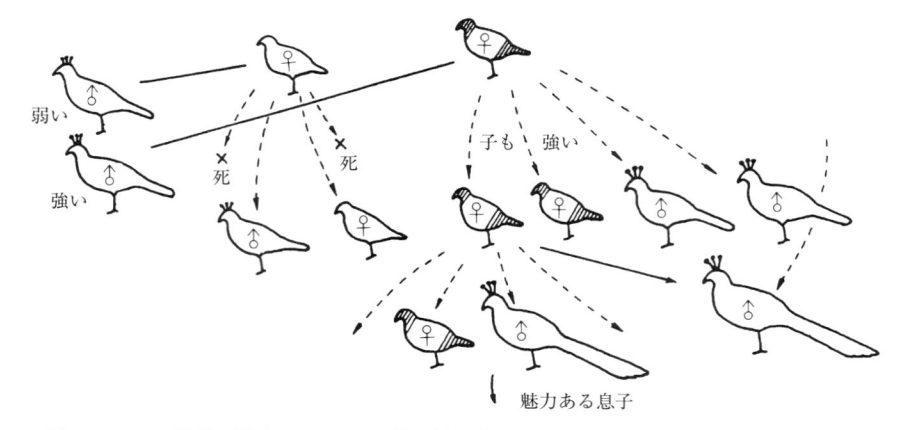

図34 メスの選択に関するFisherの説. 尾の少し長いオスは生存率も高く, それを選択したメスの娘・息子の生存率は高い. 娘は尾の長いオスを選ぶ性質を, 息子は尾が長い (したがってメスに好かれる) 性質を受け継ぐ. いったんこの性質が定着すると必要以上に尾の長いオスも一層メスに好まれ, その遺伝子が広がる. 斜線:尾の長いオスを好むメスの性質. 実線矢印:配偶者選択, 破線矢印:親子.

の利益) と, そのため捕食されやすいなどの不利益 (自然淘汰上の不利益) がバランスをとるまで続くだろう.

いったん尾が長くなり始まると止まらない, というわけでFisherのこの説を「ランナウェイ説」という.

A-2. ハンディキャップ説

Fisherの説も時代に先駆けしすぎていて, 長いこと黙殺されていたが, ダーウィンの『人間の由来』出版百年を機に再評価され, 活発な討議の対象となってきた.

しかし1975年にイスラエルのザハビ (A. Zahavi) は別の説を出した. 彼の考えは, 他個体より長い尾や豪華な飾りをもったオスは, 天敵につかまりやすいなどのハンディキャップを背負っているが, それにもかかわらず彼が生き残れたのは彼が特別健康でまた能力にすぐれていた――したがって, こういうオスを選ぶメスは強く有能な子を残せたのだ, というものである. 彼の説では, 尾の長いオスは尾の長さに関連する以外の遺伝子の優秀さを誇示していることになり, このオスの娘は尾がないのでハンディキャップなしに優秀な形質を受け継ぎ, 息子はまた, ハンディキャップがあっても多くの交尾相手を得られる

ことになる(ザハビ, A & A, 2001 参照).

A-3. 良質遺伝子説

ランナウェイ説かハンディキャップ説かをめぐって論争が行われているなかで,血縁淘汰説の提唱者ハミルトンが新しい説を提唱した.それはオスの長い尾や美しい色彩は,その個体が病気にかかっていないことを示しており,そのようなオスを選んで交尾するメスは病気抵抗性の遺伝子を子に伝えるという間接的な利益と,自分が病気に感染しないという直接的な利益の片方または両方を得る可能性があるというのである.これもハンディキャップ説の一部といえよう.これはニワトリのオスが病気にかかるとトサカの赤色が黒ずんでしまうという家畜家の経験から思いつかれた.Hamilton & Zuk (1982) はたくさんの種の鳥を調べ,派手な色彩をもつ種には感染寄生虫の種が多いというデータをあげた.寄生が多いと性淘汰がより進むというのだ.

ランナウェイ説において,長い尾や派手な色は「もとは持ち主が自然淘汰上有利だったことを示し,今は不利だが sexy son であることにより選ばれる」形質である(オスの長い尾が丈夫さと関係なく,偶然それが好きなメスがかなりの数いればランナウェイは走りうるが,この確率は高くない.Fisher のオリジナルな考えは前記のとおりだと思う).一方ハンディキャップ説では「はじめから不利だが,それを克服する別の良い性質があるため選ばれ」ている.ハミルトンらの考えは「美しい色はそれをもつものが病気に強い(良い形質)ことを示す形質だったから,選んだメスの適応度を上げ,色も進化した」というもので,良質遺伝子説といおう.

Hamilton & Zuk の各種の鳥の色彩と保有寄生虫数のデータは証拠としては不十分で,批判も多かったが,支持するデータも出てきた.

イトヨ(トゲウオ)のオスは発情すると真赤な色になる.Milinski & Bakker (1990) によると,白色灯下では色が赤いオスほどメスに選ばれる(図 35A).赤さが強いほどオスのからだは大きく,健康だと思われた.そこで繊毛虫の *Ichtyophthirius multifiliis* というのを感染させてみたところ,からだの赤色度合が減り(図 35C),同時にメスに好まれなくなった(図 35D).赤色が隠される緑色灯下ではメスの選択は現れないので(図 35B),メスは他の形質でなく赤色を選ぶことで寄生を回避しているといえる.色ではないがグッピーでメスの前で激しく求愛ダンス(これも自然淘汰上はコストだろう)するオスほど寄

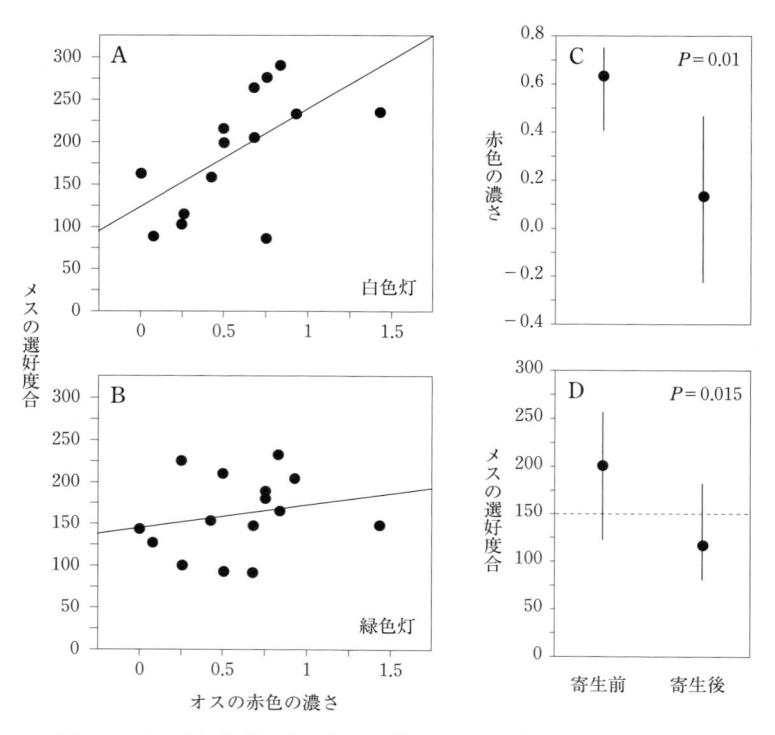

図35 イトヨのメスはからだの赤いオスを選ぶ．オスは赤いほど寄生虫に感染されていない可能性が高い（Milinski & Bakker, 1990 より）．

生虫が少ないというデータも得られている（種間比較では寄生虫が多い種に美しいオス：種内の比較では美しいオスに寄生虫がいない，の対照に注意）（Hamilton & Zuk への批判はクレブス・デイビス，1994 を参照）．

最近注目されている形質に変動非対称性（fluctuating asymmetry）というのがある．右手と左手の長さは本来同じ（左右対称）のはずだが，筆者の私は右手のほうが少し長い．このように本来対称的な形質が非対称になっていることを，変動非対称だといい，鳥などでこれが大きい（左右の形質値の差がゼロからずっと離れている）個体は，小さい（より対称な）個体より生活力が弱い例がある．R. Thornhill (1992) は名古屋近郊で，56 ページ図31 のガガンボモドキ同様婚姻贈呈をするシリアゲムシの配偶を調べ，交尾に成功したオスは成功しないオスより変動非対称性が小さいことを見いだした．そしてこの値が大きい（非対称な）個体の寿命は短く，メスは対称的なオスを選ぶことによって良

い遺伝子を獲得していると結論した．この性質は長い尾や派手な色とは違うが，Thornhill は良質遺伝子説の別の証拠だといっている．

3 説をめぐる討議

上記3説については数理生態学者も論争に加わった．彼らの計算結果の多くはハンディキャップ説に不利であった．しかし九州大学の巌佐庸はオックスフォード大学の A. Pomiankowski および S. Nee と共同で詳しい数理解析を行い，3つの説を統合する道を示唆した（Pomiankowski et al., 1991, Iwasa et al., 1991 など）．

モデルを省略し，おもな結論をいうと，(1) ランナウェイ過程（メスの配偶者選択）は，もしメスが特別なオスを選ぶのに時間やエネルギーを費やして生存率や出生率がわずかでも下がる（コストが生ずる）ならオスの美しい形質は維持できない．しかし (2) 尾を短くするような定向的な突然変異（突然変異は悪い方向に生ずることが多いからありうることだ）がときどき生ずると尾の長さに平衡が生じ，この条件下ではメスの配偶者選択は維持されうる．また (3) 同じ条件下でオスの長い尾が，長い尾をつくる遺伝子と長い尾をもつにもかかわらず生き続ける生存力の遺伝子の両方で決定されているなら，配偶者選択が進化できる（ハンディキャップ説の復活）．さらに (4) 美しさが病気に強いことを示しているなら，メスの配偶者選択はずっと間接的利益（前述）を享受し続ける可能性がある．（病原体や寄生虫は早く進化するので，オスの間の適応度の差異がつねに存在することになる）．まだ最終的な結論は出ていないが，オスの美しさに関する総合理論が打ち立てられる可能性は大きい（巌佐，1990, 1992 とクレブス・デイビス，1994 を参照）．

B. 感覚便乗モデル

特別な声や長い尾などを好むメスの性質は，<u>メスに先に出現し，オスはこれに適合する特性をあとから進化させた</u>という説．

南米のトゥンガラガエル *Physalaemus pustulosus* のオスは求愛のとき「ウィーン」という声（whine call）のあとに「クワッ」という声（chuck call）を出す．メスは「クワッ」の声を出すオスのほうに誘引される．しかし「クワッ音」を出さないオスをもつ近似種 *P. coloradorum* のメスにこの音を聞かせたら誘引された．

Xiphophorus maculatus
(プラティの1種)

ソードテール

プラティ

祖先はソードなし

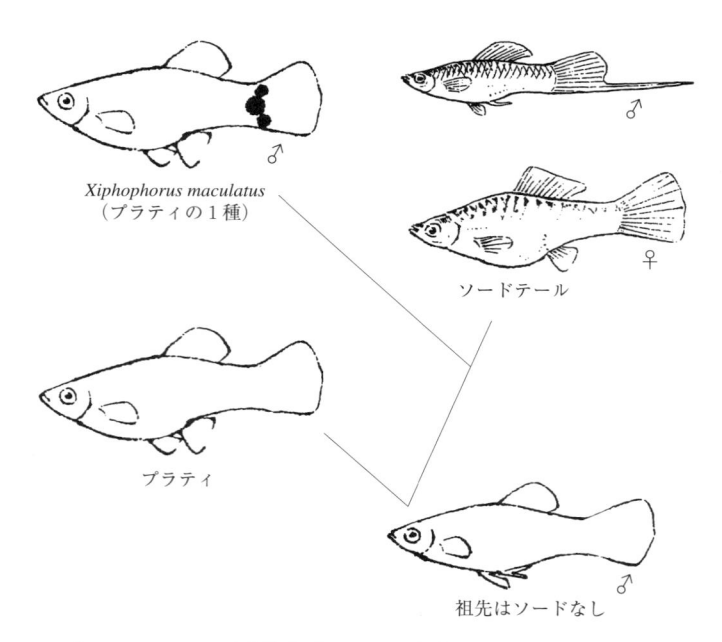

図36　ソードテールのメスは交尾相手にソードをもつオスを選択する．オスがソードをもたないプラティのオスにソードをつけてやるとそのほうを好む．オスにソードのない祖先種のメスにソード好みの性質は生じ，オスのソードはその後に進化したと考えられる（Basolo, 1990 の系統樹と解説書の写真から描いた）．

系統学的研究で，この声の進化があとで，メスの「クワッ音」を好む性質が先に進化したと推定された（Ryan et al., 1990）．

ソードテール *Xiphophorus helleri* のオスは尻に美しい剣状の「ソード」をもち，ソードのないメスはこれに誘引される（図36）．ソードを切り取られたオスはメスに選ばれない．しかし Basolo (1990) がオスがソードをもたない近縁種のプラティ（ムーンフィッシュ）*X. maculatus* のオスにプラスチック製のソードをつけたところ，本種のメスは本来自種にないソード持ちのオスに誘引された（ソードの切り張りの影響を除去するために透明なソードとソードテール同様の黄色と黒の模様のついたソードを付着させたら後者が有意に多く選ばれた）．この場合も系統研究から祖先はソードがなかったと考えられている（図36）．このことからソードテールの仲間でもソードをもたない祖先時代から何らかの理由でメスのあいだにソードに対する敏感さが生じ，*X. helleri* のオスがソードをもつ性質は，このメスの性質に応えて配偶者選択で利益を得るため

にあとから進化したと考えられたのである.

　ジュウシマツのオスは求愛のとき複雑なさえずりを発する．本種は複雑なさえずりをしない野生のコシジロキンパラから日本で育成されたと考えられている．岡ノ谷らの研究によるとコシジロキンパラのメスにジュウシマツのさえずり要素を挿入した複雑な歌を聞かせたら，メスはこれによく反応したという（岡ノ谷，2003と長谷川，2004, 2005を参照）．

　なぜ *P. coloradorum* のメスは「クワッ音」を好む性質をもったのか？　なぜソードのない祖先型のメスにソード選好性が生まれたのか？　オスの求愛時の行動特性については，メスは最初天敵からの回避にそれを使っていたと考えられる例もあるが（Christy, 1988 など），上記2例を含む大部分についてはまるで不明である．ただ突然変異によって生ずるメスの選好性のランダムバイアス（生じたときには生存や配偶者獲得に影響なし）をオスが利用した可能性があるだろう．また美しい色，長い尾，複雑な求愛歌はオスにとってコストであり，このハンディキャップをもちつつ生存できた性質を選ぶ傾向はハンディキャップ出現以前からあったと考えられると長谷川（2004）は述べている．野生のコシジロキンパラにとって複雑なさえずりは捕食の危険を増すので進化できなかったが，捕食の危険のないジュウシマツはこれを進化させ，コシジロキンパラのメスはそういう形質にも反応する性質をもっていたのかもしれない．

　AモデルとBモデルおよびそれらの関連については長谷川眞理子（2004, 2005）が詳しく解説している．

C. 雌雄対抗モデル（チェイスアウェイモデル）

　メスにとって交尾はコストである．余計なエネルギーを要し，捕食の危険を増すし，またオスがメスの再交尾抑制のためなどに挿入する物質がメスの生存率を下げる例もある．それゆえメスの生存にとってはあまりしょっちゅう交尾しないほうがよく，簡単に交尾しない性質が進化するかもしれない．このときメスに交尾させるようなオスの性質にオス間で違いがあれば，より強く雌をひきつけるオスのみが交尾できることになる．この条件ではオスには交尾頻度増加に，メスには交尾頻度減少に有利な淘汰が働き，オスはメスの交尾頻度減少を追いかけて交尾できるように性質を変化させ，一種の軍拡競走が起こるだろう．

　メキシコ産のピグミーソードテール *X. pygmaeus* のオスはメスよりずっと小

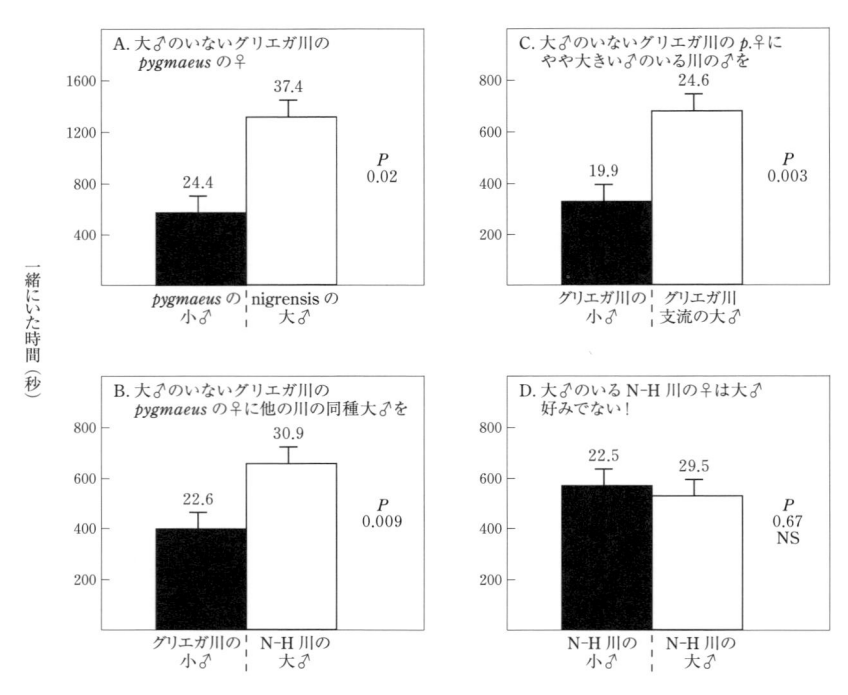

図37 オスが小さいピグミーソードテールのメスのオスの大きさ選好．矩形の上の数字は平均体長（mm）．説明は本文をみよ（Morris et al., 1996 の図を改変）．

さい（体長 18 〜 29 mm，平均約 24 mm）．ところが近縁種 *X. nigrensis* の大きいオス（平均 37 mm）をピグミーのメスに与えたら自然の自種にない大きいオスを選好した（図 37A；一緒にいる時間が倍以上で有意差がある）．この発見後メキシコの川でピグミーのやや大きいオスがみられる水系が発見され（Nacimento 川と Hutchihnaya 川．図には N-H 川と記した），そこの大オスをほとんど小オスばかりの川（La Y Griega 川．図にはグリエガ川と記す）のメスに与えたところ，大オスが選好された（図 37B）．またこの選好性は両方を一緒に飼育し続けているうち年々低下した．後者の川に少ししかいなかったやや大きいオスも好まれた（図 37C）．しかし大オス率の高い N-H 川のメスはグリエガ川のメスのように大オス選好を示さなかった（図 37D）（以上 Morris et al., 1996）．この研究を紹介した Holland & Rice (1998) は，メスは交尾回数を過多でなく適当に保つために大オス好みでなく「大オス抵抗性」を進化させた

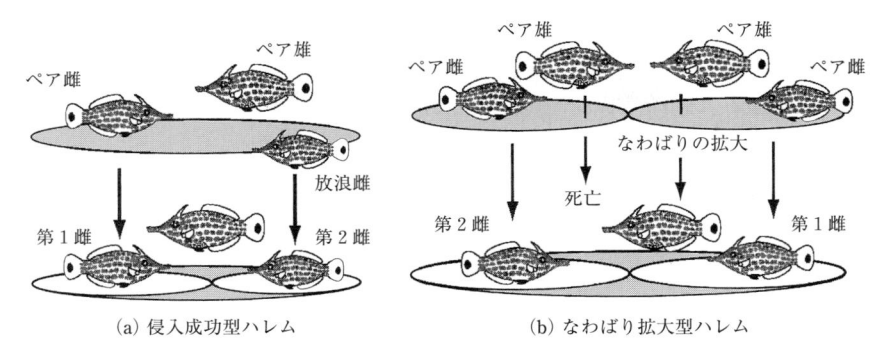

図38 テングカワハギにおけるハレム形成過程の2タイプ。ハレムにおける白抜き部分はそれぞれのメスの縄張りを示す（小北，2001；桑村哲生・狩野賢司共編『魚類の社会行動1』海游舎）。

のだと考えた．

クモの Schizocosa ocreata は前脚の剛毛に房（tuft）をもつ．同属の他の種にはこれがない．ビデオマニピュレーションで房有り，房無し，房拡大というオスの求愛動作を作り出し，メスにみせたところ，S. ocreata のメスはどの求愛にも区別なく反応したが，房無し種のメスは本来みたことがないはずの房有り型求愛に2倍強く反応した．房を求愛に使うようになった種のメスはこの求愛に抵抗性を獲得し，オスは対抗上一層大きな房を進化させたのだと思われる（Holland & Rice, 1998 による）．

こういう，メスの「求愛特性抵抗性」進化への対抗上オスの性的特性がどんどん進化したという考えを chase-away と呼んでいる．ランナウェイや良質遺伝子説ではオス形質へのメスの誘引性は増加してゆくのに，この説では減少することに注意されたい．増加が証明された例も少なからずあり（Andersson, 1994 参照），どういう条件で「抵抗性」が発達するのかは今後の問題である（このモデルの良い総説に Holland & Rice, 1998 がある）．

感覚便乗説はハンディキャップ説と統合できる可能性がある．そしていったんこれにより美しい色，形や特別な求愛音声が進化すると，ここにチェイスアウェイが働いて，一層の進化を進めるかも知れない．チェイスウェイがランナウェイを作り出すのである．こうしてランナウェイ説，良質遺伝子説（ハンディキャップ説），感覚便乗説，雌雄対抗説を統合した新しい理論が出来るかも知れない．

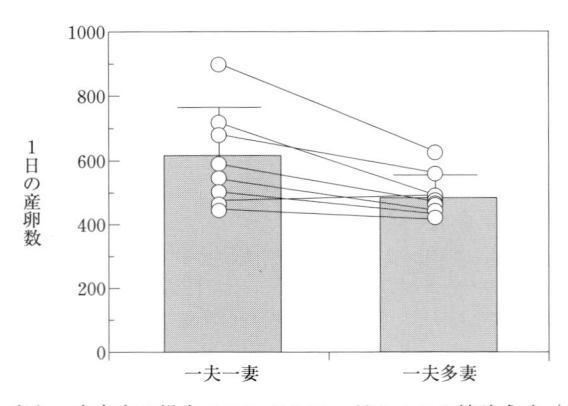

図39 一夫一妻と一夫多妻の場合のテングカワハギのメスの繁殖成功（1日当たり産卵数）の変化．○ は実験したおのおのの個体の産卵数の変化を示す．カラムと縦線は平均値と標準偏差（小北，2001；桑村哲生・狩野賢司共編『魚類の社会行動1』海游舎）．

3-4 性関係における雌雄の対立

前節で交尾はメスにとってコストであると書いた．雌雄対抗モデルの登場は，配偶・交尾にさいして雌雄は対立しており，オスはたとえメスにとって不利であっても自己の適応度を高めるような性質を進化させ，メスはそれに対する対抗手段を進化させるという拮抗的進化が起こっているという観点を強めた．日本での2例をあげて説明しよう．

(1) テングカワハギ Oxymonacanthus longirostris

当時九州大学で水産学を専攻していた小北智之の研究（Kokita & Nakazono, 2001 など，小北，2001 に紹介文）によるとテングカワハギはサンゴ礁にすみ，普通は一夫一妻のペアで暮らしている．ペアは永久的な採餌縄張りをもち，そのなかでメスが沈着性の卵を産み，オスは放精する．ところがときどき一夫多妻のハレムもみられる（図38）．

なぜペアやハレムがあるのか？ 毎日2メスと繁殖できるハレムオスの1日当たり受精卵数は1,105個だったが，1メスと繁殖するペア型オスでは565個で，オスにとってはハレムが有利である．しかしハレムではオスの縄張り防衛が（2メスの亜縄張りを均等に見回るなら）ペア型の半分になってしまうので，メスにとってはペア型が有利とみられる．さらに，小北らが一夫一妻ペアから

オスを除去するなどして，メスが他オスのハレムに入った場合に繁殖成功がどう変わるかを調べたところ，メスの産卵数はハレム型で低下していた（図39）．すなわちメスは一夫多妻で繁殖することでコストをこうむり，一夫一妻と一夫多妻の利益がオスとメスとで違っていたのである．

(2) コバネハサミムシ *Euborellia plebeja*

　当時都立大学の院生だった上村佳孝はこのハサミムシのメスがすごく長い管状の貯精のう（長さ33 mmで体長の約2倍，幾重にもらせん状に曲がって腹部に入っている）をもち，オスはこれに長さ16 mmものペニスを挿入することを発見した（Kamimura, 2000, 2003）．受精のうがペニスよりずっと長いので，精子かき出し構造（82ページ参照）のあるペニスの先端は受精のうの先に届かず，精子除去率は20％ぐらいである．メスにとって多数回交尾はコストだが，良い遺伝子の獲得，卵の性質と遺伝的に合致した精子の獲得などの利益もあろう．一方大型のオスはメスを独占し，多数回交尾をして高い繁殖成功を獲得し，大型の息子をつくれる．この条件下でメスはそういう大型オスの精子を効率よく集めることが有利であり，完全な精子除去でなく部分除去が有利なことがシミュレーションで示された．メスの長大な受精のうはこうした性的対立から生じたものと思われる．一方オスは同じメスと繰り返し交尾する傾向があり，これはオスの適応度を増すだろう．

　なお性的対立については節足動物の性行動のとても良い論文集であるChoe & Crespi (1997b) The Evolution of Mating Systems in Insects and ArachnidsにのったBrawn et al. の総説を，またメスの多数回交尾をめぐる問題については香川大学にいる安井行雄の総説（Yasui, 1997, 1998）を参照されたい（ごく最近次の本が出た——Arnqvist & Rowe (2005) "Sexual, Conflict"——. 30ページもの引用文献一覧があり，最近の理論的討議の現状を知るのに良い）．

なぜオスが求愛しメスが受身なのか？

　53ページのダーウィンの文章には，交尾相手を選択するのはメスであると書かれていた．実際哺乳類，鳥から昆虫にいたるまで，配偶者選択が報告された例の大部分はメスによるものである．クジャク，ゴクラクチョウ，オシドリなど，動物ではオスのほうが飾りをもったり派手な色をしていることが多い．これまであげた例もメスによる選択の例ばかりであった．なぜだろうか？

Trivers (1972) はこれを「親の投資」(parental investment) ということから説明した．親の投資とは「他の子供（将来生まれるべき子）に投資すべき親の能力を犠牲にして，ある子供（たち）の生存確率を増加させるような親の行為（大きな卵にする，乳を長く与える，良く保護する，など）」のことをいう．簡単にいえば，あるとき生まれる子供にどれだけのエネルギーまたは時間を投資するかだが，これが多いと将来の繁殖力が減ると考えるのが特徴である．

　この投資をコストと考えると，同じ数の子に対しメスが支出するコストは，オスが支出するコストより普通はるかに大きいことがわかる．卵は精子の何千倍，何万倍も大きいし，メスは卵を腹にもっている期間も長い．抱卵，胎生，授乳などがあればメスの負担はいっそう大きい．精液以外のオスの投資といったら，巣づくり，巣の防衛や抱卵中のメスへの給餌くらいである．このためメスは，あるとき子をつくるとしばらく子をつくれないが，オスはそのあいだも何回も違うメスと交尾して自分の遺伝子を広げることができる．

　この関係をTriversは図40のように表した．グラフの横軸につくった子の数をとり，縦軸に親の投資をとると，親の投資はしだいに上を向く曲線で表され，その曲線の位置はメスのほうがずっと左にくると予想される（少しの子の数で投資量が大きくなる）．図40には子の数と親の繁殖成功の関係も書き込んである．繁殖成功は性に関係なく子の数と単純比例しているとみて直線で表す．

　ではどれだけ子をつくるのか効率的かというと，少しのコストで大きな利益が得られる点，つまり繁殖成功の直線と親の投資の曲線との間隔が一番長い点であろう（図中の縦線）．そしてこれはメスのほうがずっと少ない子の数のところにある．このことは，同種でもオスは何匹ものメスと交尾してたくさんの子をつくるほうが有利だが，メスは限られた数の子を完全に育て上げるほうが有利だということになる．

　それゆえメスにとって交尾相手の選択はとても大切なことだ．一方オスはあまりメスを選ばずに，何匹ものメスと交尾したほうがよい．これが動物界でメスがオスを選ぶほうが多い理由だとTriversは考えた．また良いオスを選ぶにはメスは慎重でなければならず，これがオスのほうが求愛に積極的であることを説明する（トリバーズ，1991も参照）．

オスの投資が大きい種では？

　この説明が正しいとすると，オスの投資のほうが大きい種ではオスがメスを

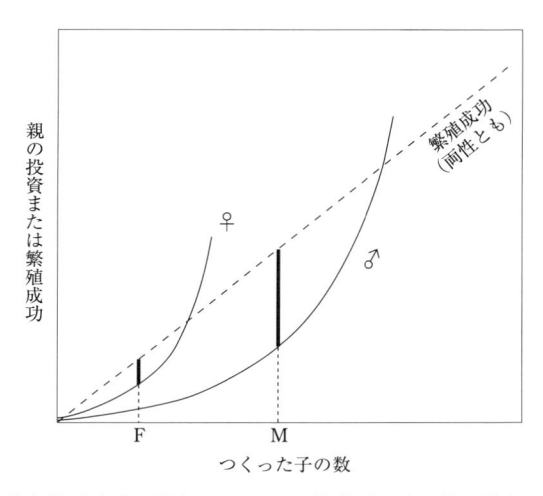

図40 親の投資と繁殖成功に関するTriversの模式図．子の数が増すにつれ，メス・オスの投資（曲線）は増えるが，その上昇はメスのほうがずっと少ない子の数で起こる．一方，繁殖成功は子の数に比例して直線で増加する．すると曲線と直線の間隔（太い縦線）が最大の点（FとM）がメス・オスにとっての最適な子の生産数となる（Trivers, 1972の図を改変）．

選ぶことが予想される．カエルにはオスが子を保護する種が多い．たとえばDendrobates科（中南米の矢毒ガエルの入る科）は生活史既知の種すべてがそうで，オスが地上に縄張りをつくってメスを呼び，メスの産んだ卵を守り，それが孵化すると，オタマジャクシを背につけて水に運ぶのである．パナマのD. auratusという種ではオスの卵保護期間は10〜13日にのぼる．そしてこの種ではメスのほうが求愛にずっと積極的でオスを追い回すという［Anderssonの大著（1994）を参照］．

なぜ母メスが子の世話をするのが普通か？

上の論点からTriversは片親が子の世話をする場合，メス親のみによる世話がオス親のみによる世話よりずっと多い理由も，メス親の投資がオス親よりずっと大きいことによると考えた．メスは卵に対して大きな投資をしているので，引き続く世話を引き受ける可能性が高くなるというのである．しかしこの説には「コンコルドの誤り」という批判がある．準備に莫大な資金を投じた新型旅客機コンコルドの完成のためには，よほど困難があっても開発を続けざるをえ

ないだろうか？ 実際は航空機会社は過去の投資でなく，将来の利益で態度を決定するだろう．これと同様，卵をつくるのに投資が大きかったら即メスによる子の保護とはならない，というのである．山村・辻（1991）は簡単なモデルでこの問題を検討し，Trivers の説は成り立たないとした．じつは Trivers はもう1つの考えも主張していた．それは（精子競争の節（77ページ）に書くように）メスにとっては産んだ子は確実に自分の子だが，オスにとっては確実でないので，オスは子の世話を避けたがるというのである．山村らによるとこの説のほうは（やや変形した形でだが）支持できるという．

オス親の子の世話と配偶相手をめぐる競争——潜在的繁殖速度

大部分の動物ではオスが配偶相手となるメスの獲得をめぐって争い（同性内淘汰），またメスが配偶者選択をしていた（異性間淘汰）．しかしオスの獲得をめぐってメス同士が競争する種もある．Clutton-Brock & Vincent (1991) と Clutton-Brock & Parker (1992) はこれを potential reproductive rate という概念を使って説明しようとした．長谷川眞理子は新しい行動生態学の教科書（2004）や『クジャクの雄はなぜ美しい？』の増補改訂版（2005）でこれを「潜在的繁殖速度」と呼んだ．大分意訳だがよく原著者らの言いたいことを現しているのでこの訳語を用い，長谷川の解説を参考に説明しよう（この考えをよく知るには Clutton-Brock & Parker をみられたい）．

繁殖を行うには（1）まず配偶子を準備し，（2）配偶相手を見つけて配偶し，（3）子育てをせねばならない．これが完了してから次の配偶に取り掛かることができる．これをどれほどの速さで行うことができるかを潜在的繁殖速度という．（1）で精子は小さく，それをつくる時間は卵に比べて短い．（2）の配偶にいたる時間を両性同じとしよう．（3）の子育てには，オスもメスもしない場合，オスのみまたはメスのみがする場合，両性がする場合がある．両性とも子育てをしない場合にはオスの精子生産数がメスの卵子生産数をはるかに上回ることから，配偶をめぐる競争はメス間でよりオス間で強いだろう．メスだけが子育てをする場合は，1回の繁殖にかかる時間はメスのほうがオスよりずっと長く，オスはあまっているので，配偶をめぐる競争はオス間で強くなる．そしてオスのみが子育てをする場合は，オスの子育て終了までの時間とメスが次の卵の準備を終わるまでの時間との比較によって，オスのほうが長くなる場合とメスのほうが長くなる場合が生じ，それによって配偶をめぐる競争の強さが違うだろ

表3 オスのみで子育てをする動物における，雌雄の潜在的繁殖速度と配偶をめぐる競争の強さ

配偶をめぐる競争	種	潜在的繁殖速度	
		オス	メス
オス同士が強い	サンバガエル	2〜3週間	4週間
	アマガエルの仲間（*Hyla rosenbergii*）	4日	23日
	ヤウオの仲間（*Etheostoma almstedi*）	4日	5〜16日
メス同士が強い	アカエリヒレアシシギ	33日	10日
	チドリ	61日	5〜11日
	ナンベイタマシギ	62日	1シーズン4回

Clutton-Brock & Vincent (1991) の表から長谷川（2004）が作り直したもの．

う．結果は表3のように，オスの潜在的繁殖速度が（オスが保護するにかかわらず保護期間が短かったり何匹ものメスの卵を一緒に保護することにより）メスより短いときはオス間の配偶をめぐる競争が厳しく，メスの潜在的繁殖速度のほうが短い場合にはメス間の競争のほうが厳しくなる（この表は Clutton-Brock & Vincent, 1991 の2つの表から長谷川（2004）が作成したもので，オスの潜在的繁殖速度は子の世話の期間（卵保護，孵卵を含む），メスのそれはカエルや魚では卵塊産卵の間隔，鳥ではシーズン当たりの集中産卵の間隔（ナンベイタマシギでは相手オスの数）である［もとの表はもっと多数の種でつくられていて，オスの潜在的繁殖速度がメスより大きい場合は例外なくオス間競争のほうが強く，メスの速度が大きい場合は2例（タツノオトシゴ類とアメリカダチョウ）を除き9種でメスのほうが強かった］．

3-5 もう1つの可能性：安全保障仮説

Warner & Lawrence (2000) は，オスが美しくなる原因について，60ページのA〜C以外にもう1つの可能性を唱えた．安全保障仮説（safe assurance hypothesis）と呼ぼう．メスが美しいオスを選ぶのは，オスの性質が良いからではなく，美しいのにオスがそこにいられるのは，そこは捕食者のいない安全な場所であり，メスはオスでなく場所を選んでいるというのである．彼は珊瑚

礁にすむ魚でこれを証明したといっている．しかし，美しいオスと美しくないオスがまじっている場合に美しいオスだけを選び，その性質が子孫にひろまることをこの説が良く説明できるとは私には思えない．モデルDとはしないでおく．

第4章

精子競争：父権の確保

4-1 精子競争

　動物にはメスが何匹ものオスと交尾する種が多い．乱婚的な種はもちろん，ペアをつくる種でもメスがペアの相手以外のオスと交尾する（ペア外交尾）．鳥類は90％もが一夫一妻のペアを基本にして子育てをするが，この仲間でもメスがペア外交尾する例が次々と見つかっている（第6章参照）．こういうとき，メスにとっては自分の子は確かだが，オスにとっては確かでない．体外受精をする魚などではメスにとっても確実でないことがありうるが，オスが産卵場所を防衛する魚ではメスは普通1匹で，防衛オスにとっては侵入してきて放精する他オスの精子が卵に入ってしまう可能性があるので，自分が放精した場所の卵が自分の子として孵化するかどうかはオスにとっても大きな問題である．この事情が「2匹かそれ以上のオスからの精子の，1匹のメスの卵子を受精させるか否かをめぐる競争」――精子競争 sperm competition ――に勝つためのさまざまな特性を進化させた［Simmons (2001) の定義．バークヘッド（2003）は「雌の卵子を受精させようとする複数の雄の精子間での競争」と定義しているが，この定義を狭くとると精子同士の競争だけになってしまう――バークヘッドの本には他の問題も書かれているが――．『生態学辞典』（共立出版，2003）では「卵の受精に関して複数の雄の媒精の間に生ずる競争……ふつうは交尾開始後の雄間の卵の受精をめぐる競争」としている］．

　精子競争を次の6つのカテゴリーに分けよう．なおこの問題の良い総説集にいろいろな動物の精子競争の，調べた当事者が書いた Smith 編 (1984) がある．
 1) メスの再交尾の物理的阻害（交尾栓など）
 2) 精子置換――他オスの精子の物理的除去や場所移動
 3) メスの再交尾を抑制する化学的方法

4）注入精子数の増加
5）産卵メスの防衛
6）精子間の直接的競争と無核精子

4-2　メスの再交尾の物理的阻害——交尾栓

チョウの交尾栓

　図41は，ギフチョウのオスが交尾のさい生殖器付属腺から出してメスの腹に塗りつけた体液が固まったものである．これをつけられたメスは，貞操帯をつけられた中世ヨーロッパの領主の妻のように，もう交尾ができない．この固まりを交尾栓（交尾プラグ）と呼ぶ．日本でこのような目立った交尾栓をつけるのはギフチョウ属2種とウスバシロチョウ属3種だが，他にも交尾孔をふさぐだけの小さな交尾栓をつけるチョウ目は少なくない．それらのなかには何日かたつと溶けてメスの再交尾を許すものもある．

　ではギフチョウのメスはどうして卵を産めるのか？　チョウ目の大部分はダイトリシアン（ditrysian）といってメスの生殖器の開口部が2つあるという特徴をもつ（図42）．オスのペニスは交尾孔（陰門ともいうが図のように膣とは違う）に挿入され，精包はいったん交尾のうに入る．精子は交尾のう内で精包から出て「輸精管」（オスにある本当の輸精管と違う）を通って受精のう（spermatheca）へ移る．そして輸卵管から出てきた卵を受精させる．したがってメスは交尾栓で陰門がふさがれていても産卵できるのである．

　これに対し膣と陰門が一致しているモノトリシアン（monotrysian）の昆虫では交尾栓があっては産卵できない．こうした種にも交尾栓があると報告された例は多いが，短時間ではがれて産卵可能となる例もある．

哺乳類の交尾栓

　以前大阪市立大学にいた川道武男が，ムササビのオスが交尾のときメスの膣内に指の先ほどもある石鹸様の物質を挿入することを報告したのを聞いたことがある．この物質はオスの輸精管につながる特殊な腺でつくられ，射精ののちに放出され，急速に固まるらしい．

　ムササビのオスは交尾期にメスのいる木の穴のまわりに縄張りをつくるが，交尾後メスは滑空して縄張り外に出てしまうことが多く，すると他のオスに交

図41　ギフチョウのメスの腹につけられた交尾栓（矢印）

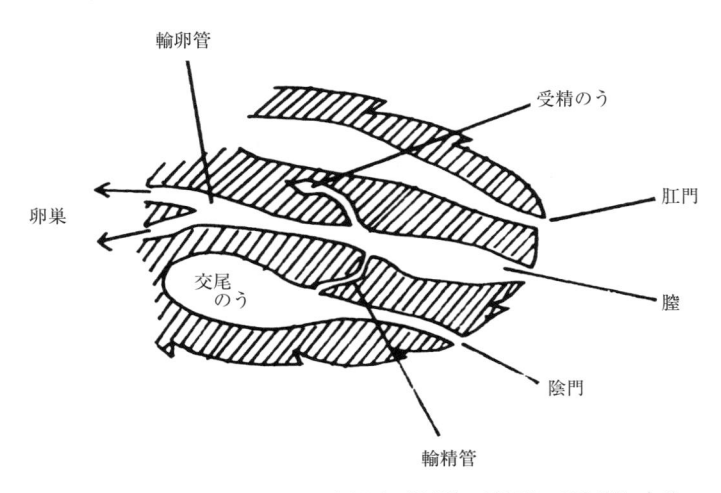

図42　チョウ目のメスの生殖器．交尾孔（陰門）は膣開口部と別にある．

第4章　精子競争：父権の確保 ● 79

尾される．したがって交尾栓を挿入することは自分の精子を確実に受精させるのに必要であろう．

読者はここで，受精は射精とほとんど同時に起こっていないのかと疑問に思うかもしれない．しかしムササビも属するげっ歯目には精液注入の刺激によって排卵が起こる種が多いのである．このような種では精液は膣内でしばらく保存され，それから受精するので，次に述べる精子混合の可能性がある．なおニワトリやスズメ目の鳥では発情期に膣内に凹みができ，ここに精液が数日たくわえられることがわかっている．川道はメスが気にいらぬオスの交尾栓を除去するらしいとも述べたが，これについての論文は出なかったと思う．しかし交尾栓は有袋類，げっ歯類，霊長類などの哺乳類や多くのヘビでも報告されている（バークヘッド，2003参照）．オスが交尾栓を外す行動をとる種もある［クモの例はMasumoto (1993)，他はEberhard (1996)を参照］．

精子混合と精子優占度

すでに述べたように，昆虫のメスはごく一部の種を除き，交尾でオスから受け取った精子をいったん受精のうに保存する．したがって有効な交尾栓があるか，メスが再交尾を拒否するかしないと，2匹以上のオスの精子が混じり合ってしまうことがある．また受精のうが一杯で2匹目のオスの精子が入らないことも起こり得る．

図42は沖縄県農業試験場の照屋匡たちが，ウリ類の害虫ウリミバエの正常なオスと，放射線を照射して「不妊化」したオス（不妊オス）とを，1匹の正常メスに交互に交尾させた結果である．不妊オスの精子は生きていて卵に侵入することができるが，卵を正常に発生させることはできない．だから，不妊オスとだけ交尾したメスの産んだ卵は孵化しない（図の黒丸）．

このメスにいくつか孵化しない卵を産ませたのち，正常なオスと交尾させると産んだ卵は相当高率に孵化する（図の半黒丸と破線）．しかし孵化率は正常オスとだけ交尾したメスの卵ほど高くはならない．

一方，正常オスと交尾したメス（卵の孵化率90〜95％，図の白丸）を不妊オスと交尾させると孵化率が低下するが，不妊オスとだけ交尾したメスの卵のようにゼロとはならないばかりか50％以上が孵化する（図の半黒丸と実線）．

正常オス，不妊オスとの2回交尾において，もし第1オスと第2オスが同量の精子をメスの受精のうに入れ，かつ両者が同じ確率で卵子に達するなら，2

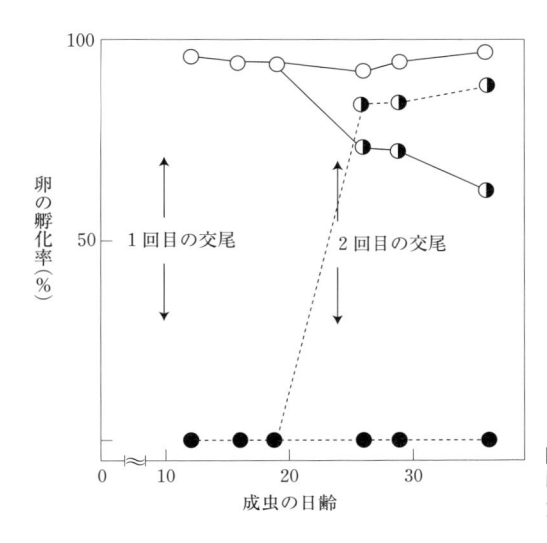

図43 ウリミバエの精子混合．説明は本文参照（Teruya & Isobe, 1982）．

回交尾後産まれた卵の孵化率は交尾の順にかかわりなく正常交尾後の卵孵化率と不妊交尾後の卵孵化率の平均になるはずである（ウリミバエなら大体45%，図44A）．しかし不妊オスの精子が正常精子より弱ければ，図44Bのように2回目交尾後の孵化率は平均より上になるだろう．さらにあとから交尾をしたオスの精子が次項の精子除去などにより減っていたり，弱化していて，第1オスの精子のようによく卵子に入れないならば，図44Cのように，不妊交尾が先の場合は第2回の正常交尾後の孵化率はBの線よりも上昇し，正常交尾が先の場合は不妊交尾後の羽化率はBの線より下降するだろう（不妊精子が弱くてもあとからの交尾で得をして孵化率を低下させる）．図43のウリミバエはCの場合を示しており，不妊オスの精子がやや弱く，かつ2回目交尾オスの精子が優占的であることを示している（これは精子除去のためでなく，1回目の精子が2週間後には死亡により大分減っているためであることがわかっている：Yamagishi et al., 1992）．

ここで精子優先度 P_2 という値を定義しておこう．これは2回交尾させた場合に2回目交尾オスの精子で受精した卵の割合である（Boorman & Parker, 1976）．$P_2 = 0$ なら全卵子は最初に交尾したオスの精子により受精しており，$P_2 = 1$ ならすべてが2回目交尾オスの精子により，$P_2 = 0.5$ なら1回目交尾オスと2回目交尾オスの精子が同等に受精にあずかっていることを示している．

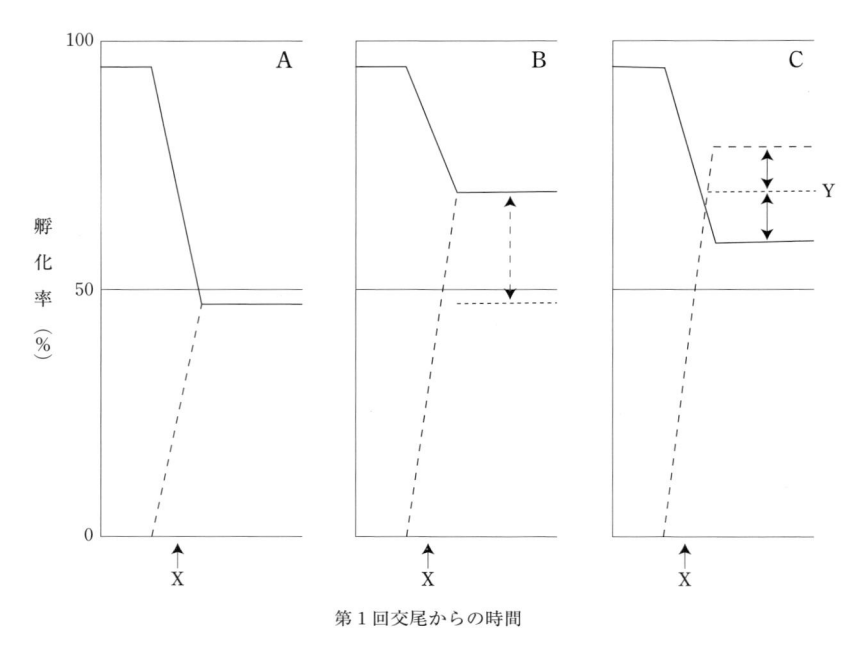

図44 ２回交尾後の卵の孵化率．A：不妊オスの精子が弱くなく，第２回交尾オスの精子の優先もない場合．B：不妊精子が弱いとき．C：不妊精子が弱く，かつ２回目精子の優先がある場合．実線は第１回正常オス，第２回不妊オスとの交尾，破線は逆の順での交尾．X：２回目の交尾．

4-3 精子置換

先夫の精子をかき出すトンボ

1979年，アメリカのJ. K. Waageは驚くべきことを報告した．ミヤマカワトンボの仲間の *Calopteryx maculata* のオスの偽ペニス[6]の先には特殊な鞭がついていて，その先には銛の先のような「かえし」があり，これでメスの受精のうから，先に交尾したオスの精子を掘り出してしまうことを，見事な写真で示したのである．

図45はシオカラトンボ属のオスの偽ペニスがメスの交尾器内に入った状態である．トンボの雌には受精のうが１対あるが，その１つに偽ペニスの先についている鞭状器が挿入されている．図の右上はまさに鞭状器の「かえし」が前に交尾したオスの精子をかき出しているところを示す．P_2 はこれらの例では１に近い．

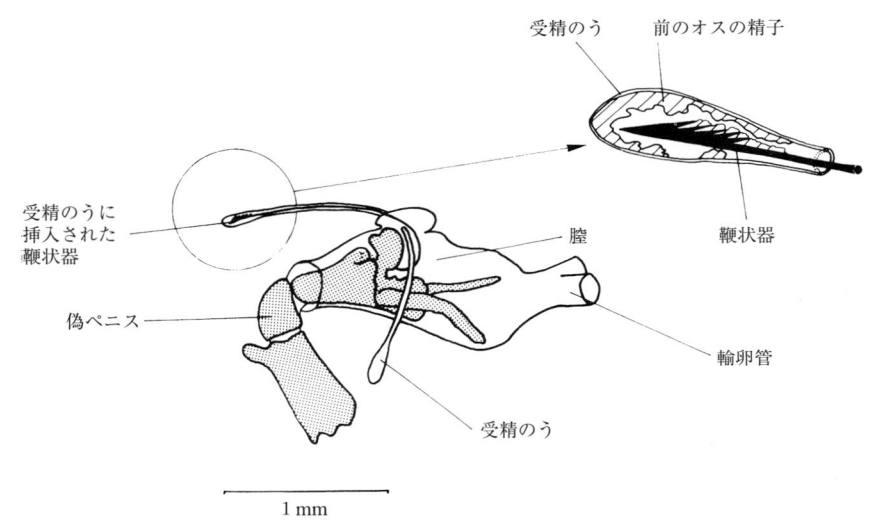

図45　シオカラトンボ属のオスの偽ペニスがメスの膣内に挿入されている状況．右上は受精のう内の鞭状器を拡大した図（M. Siva-Jothy 博士描く）．

その後，トンボには「押し込み型」という別の方法もあることがわかった．これは偽ペニスの先に，ふくらむと太い棍棒状になる突起があり，これで先に交尾したオスの精子を受精のうの奥に押し込み，自分の精子を入口近くに入れるのである（東・生方・椿，1987，第4章参照）．

このように，先に交尾したオスの精子をかき出すか，輸卵管を通る卵に届きにくい場所に押し込み，自分の精子の受精を保証することを「精子置換」という．

アオマツムシとキボシカミキリの精子置換

精子競争が生じていることを示唆する結果はいろいろな動物で得られている

6）トンボの本当のペニスはオスの尾端（9節）にあるが，トンボは「尾つながり」をするので尾端を交尾に使えない．トンボのオスは腹部第2，3節下側に二次生殖器をもっていて，まず真のペニスからここに精液を移す．そして尾つながりしたままメスは尾端をオスの二次生殖器につけ，そこにある突起を自分の膣に挿入させる．この突起はトンボの文献ではペニスと呼ばれるが，ここでは偽ペニスとした．
　なおトンボやウリミバエは精子を精包で包まず，遊離精子としてメス体内に注入する．ただし精子の頭がくっついて束になっていることが多い．

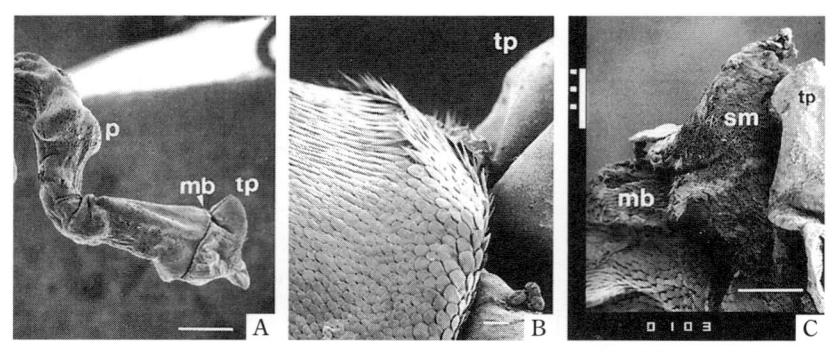

図46　キボシカミキリのペニス（A）と mb の部分に生えた剛毛（B）および交尾第1段階終了後そこに先に交尾したオスの精子がついている状態（C）（横井直人氏提供の写真）．

が，そのメカニズムはトンボの物理的精子置換以外ほとんどわかっていなかった．ところが，トンボ目以外で最初と2番目の物理的置換は日本で発見された．その1つは金城学院大学の小野知洋と当時名古屋大学にいたマイク・シバージョシーによるアオマツムシの研究（Ono et al., 1989）である．彼らはアオマツムシの精子だけを染色することにより，オスは先端が湾曲したペニスをメスの受精のうの最奥部に挿入して精液を噴射し，その圧力で前にあった精子の約90％をメスの体外に押し出し，これを食べて栄養にすることを見いだした．

その2は福島県蚕業試験場にいた横井直人によるキボシカミキリの研究（Yokoi, 1991）で，本種のオスは交尾するとしばらくペニスの頻繁な出し入れを繰り返し，ちょっと休んだのち長い挿入をする．頻繁な出し入れの段階で交尾を打ち切らせるとメスの卵の孵化率は低下した．オスのペニスを走査電子顕微鏡でみると特殊な構造をもっている（図46）．先端の3角の部分にさかさに生えた剛毛があり，これで精子をかき出す．除去率はバリアンスが大きかったが，平均では90％以上であった（昆虫でのその後の発見は Simmons, 2001 にある．また20年前になるが Smith 編（1984）の精子競争の総説集は今もとても役立つ）．

4-4　再交尾を抑制する化学的な方法

　交尾栓と同様なメスの再交尾阻止を化学的手段で実現することもできる．昆虫のオスを解剖すると，輸精管の出口近くに1対の袋がついている．これを付属腺という．キイロショウジョウバエでは，交尾後付属腺が縮小すること，交尾したメスはしばらく再交尾をいやがる傾向があり，これが付属腺から出る液体によるらしいことが以前からわかっている．1989年スイスのChenらはこの物質が34のアミノ酸からなるペプチドであることを明らかにし，合成にかかわる遺伝子さえ確定した．ただしキイロショウジョウバエではこのほか受精のう内の貯蔵精子数が多いことも再交尾抑制に作用する（Chen et al., 1989）．

4-5　注入精子数の増加

　2匹のオスが短い間隔で同量の精子をメスに注入するなら，精子置換がなく，両者の精子間に受精能力の違いがなければ，P_2 は0.5となるだろう．しかしオスが相手のメスがすでに交尾しているかどうかを知り得，交尾メスに注入する精子の量を増やすなら，P_2 を上昇させることができよう．交尾の有無の判定ができなくても，自分のまわりのオス密度が高いときに注入量を増加させれば，メスがすでに交尾している可能性が高いので適応的であろう（88ページも参照）．
　他のオスがいるとき，あるいはオス密度が高いとき注入精子数を増やす現象はコオロギ類，チチュウカイミバエ，甲虫などで知られている（Simmons, 2001，第7章）．
　オスが相手の卵の受精に必要なよりはるかに多い数の精子を放出する原因についてはいくつもの説があるが，精子競争も1つの要因であろう．

4-6　産卵メスの防衛

　交尾・精子注入後すぐ受精が起こり，メスはすぐその卵を産み始めるような種において，交尾後もオスがメスのそばについていて他オスを追い払う行動は精子競争の一戦術として良いだろう．トンボのうちメスがオスと離れて産卵するシオカラトンボ（尾つながりしたまま産卵するトンボも多い）などでは，交尾後産卵を始めたメスの上をオスが飛び，このメスに求愛しようとする他のオ

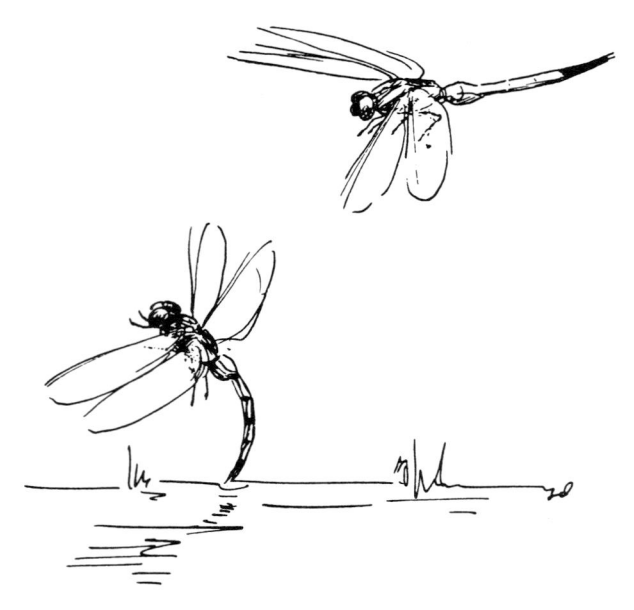

図47 シオカラトンボの縄張りオス（上）による産卵中のメス（下）の防衛.

スを追い払う（図47）.

4-7　精子間の直接的競争と無核精子

　メスの受精のう内に入っている2匹のオスの精子が直接に争う可能性もある（同じオス間の精子同士の争いもありうる）．しかしこれについての証拠は，次の無核精子を除いて，皆無に近い．バークヘッド（2003）の第5章「精子競争と精子選択のメカニズム」には精子置換による最終オスの精子優先とメスによる精子選択（89ページの「雌による隠れた選択」参照）には多くの例をあげているが，直接的競争の証拠はあげていない．2匹の精子を含む混合精液を人工的に注入したとき，通常の色彩のラットの精子がアルビノのラットのそれよりずっとよく受精したという話は出てくるが，そのわけは書いていない（ただし，91ページのOlsson et al. 1996の仕事も参照）．

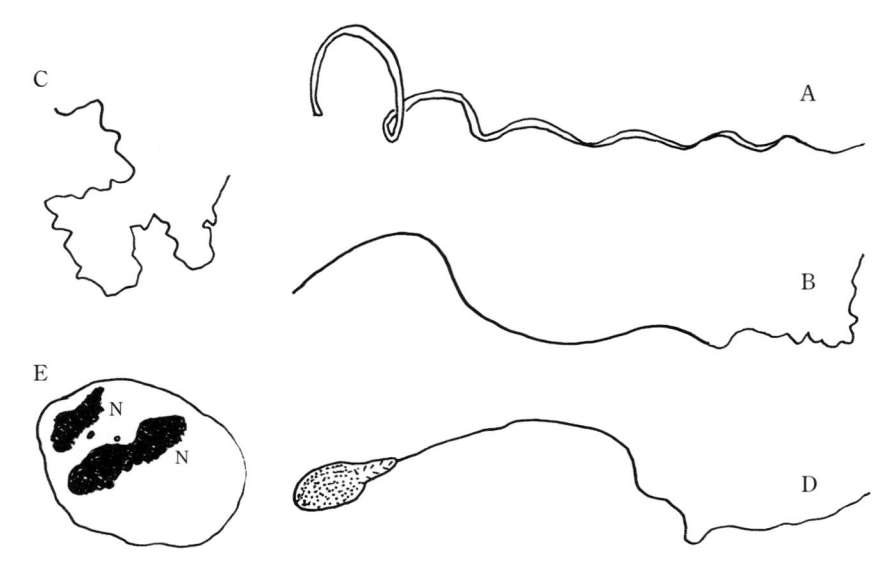

図48 ナミアゲハの有核精子束（A），自由有核精子（B），自由無核精子（C）（以上は渡辺・盆野，2001より描く），およびヨコスジカジカの正型精子（D）と異型精子（E）（早川，2005の写真から描く）.

無核精子

　正常状態で形の異なる2種の精子をもつ種において，核をもたず受精能力を欠く精子を無核精子（apyrene sperm）と呼び，受精能力をもつ精子を有核精子と呼ぶ（eupyrene sperm）（核の一部を欠いたり多核となった精子もある．これらの変形した精子は受精能力をもたない．これらの精子の総称を異型精子と呼ぼう）．無核精子は多くの昆虫にみられ，特にチョウ目では放出する精子の90％以上が無核精子である種もあり，その役割が注目されてきた（図48；ナミアゲハでは注入精子中の無核精子数は有核の約30倍，ただし受精のうに達する数はずっと少なく，かつ同じぐらいである．無核精子はメス体内で急速に減るわけだ──Watanabe & Hachisuka, 2005）．Silberglied et al. (1984)はチョウ目の無核精子の役割を論議した論文で，あり得る役割として（1）有核精子の受精のうまたは卵子への移動を助けること，（2）メス，有核精子または受精卵の栄養となること，（3）精子競争に役立つことの3つをあげ，（1）と（2）はあまり当てはまらず，（3）がおもな機能であろうとした．渡辺・盆

野（2001）は8つの仮説をあげたが，そのうちの3つは有核精子の移動を助けるもの，1つは栄養，それ以外が直接精子競争にかかわるものである．名古屋大学にいた賀ら（He & Tsubaki, 1992, He & Miyata, 1997など）は，アワヨトウを高密度で飼うと羽化したオスは低密度飼育のオスより大きな精包をつくり，その中の無核精子数が多いことを見いだした．これと交尾したメスは再交尾までの間隔が長く，おそらく多量の無核精子を受精のう内にもっていたためだろうという．こういう例は多くの種で報告されている（少し古いがDrummond III, 1984参照）．無核精子は有核精子より低コストでつくれるので，これで受精のうを一杯にすることは有利であろう．ヨーロッパ産のモンシロチョウでWatanabe et al. (1998) は，既交尾オスは未交尾オスより小さな精包しか注入できないが，中に多量の無核精子を含むことを見いだした．同じ種でWedell & Cook (1999) は，オスは交尾のう内に存在する精包に交尾器で触れることでメスの交尾歴を知り，静止注入量や無核精子数を変えているのだろうという．

　エゾスジグロシロチョウでは受精のう中に無核精子が多いメスは少ないメスより再交尾の率が低かった（Cook & Wedell, 1999）．

　早川洋一は海産の魚，ヨコスジカジカが異型精子をもつことを発見した（早川，2005；原著はこれを参照されたい）．異型精子は鞭毛をもたず，球形で2個の核をもつ（図48）．本種の異型精子は，正常精子の卵到達を助ける機能と，他オスから放出された正常精子の卵塊への到達をさまたげる機能の両方を示すという．縄張りオスの縄張り内で放出された異型精子はそこに産みつけられた卵塊と海水面との境界に膜状の細胞塊を形成し，これが他オスの精子の侵入を阻止するという．

　かように無核精子を含む異型精子が精子競争の武器である可能性は高い．ただし上記のように有核精子の移動を助けるという役割を支持する証拠も少なくない．

カミカゼ精子

　精子の多型は哺乳類にもみられる．正常な形の精子の中に異常な形の精子がまじっていることが多い．人間にもあり，かつては精子形成過程中のエラーと考えられていたが，イギリスのベイカー（Baker）らは異常型の精子をカミカゼ精子（kamikaze sperm）と呼び，他オスの精子を殺す役割を果たしていると唱えた（Baker & Bellis, 1988, 1989）．カミカゼ精子は頭が2つあったり尾が

2本あったりしておそらく受精不能である（のちには頭に酵素を含む「先体」があり，これで他の精子を攻撃するといった）．しかしこれらはまるでデータをあげない短報にすぎない．のちに Baker & Bellis (1995) は2人の人間男性の精子をまぜるとお互いに殺し合い，精子死亡率が上がるともいった．しかしその後の詳しい研究結果は完全に否定的だった（バークヘッド，2003，54 ページ参照）．1996 年 Baker は "Sperm Wars"（邦訳『精子戦争』1997）という本を書き，人間の不倫を絶賛したが，この本も国際学術誌の書評などでほとんど支持されていない．

ただし，ここで批判したのはベイカーの人間精子に関する議論であり，呼び名はともかく，他オスの精子を攻撃する精子の存在を否定するわけではない．「兵隊精子の進化条件」と題した蔵と中嶋の論文（Kura & Nakashima, 2000）も国際誌 Evolution に掲載されている．

4-8　雌による隠れた選択（Cryptic Female Choice）

精子競争の重要性を知らそうとした本の中でバークヘッド（2003）は書く：「雄は複数の相手と交尾することで大きな利益を得るが，同じような行動をした雌が受ける利益はわずかか，まったくないというのが，精子競争の短い歴史のほとんどを通じた基本的な認識だった．」これまでの精子競争の記述の中で，主体はつねにオスであった．

一方配偶者選択は主としてメスが行うが，これは普通，交尾前の行動を指していた．しかし外見からはわからないが，メスは交尾中や交尾後も配偶者を選択できるのである．メスは気に入らないオスとの交尾を十分な精液の注入前に中断したり，別の気に入ったオスと再交尾したり，さらには受精のうに入っている2匹のオスの精子のうち，片方ばかりを利用したりして，精子競争に影響を与え得るのである．「雌による隠れた選択」である．

Cryptic female choice という言葉を提案したのは Thornhill (1983) だが，彼は図 49 上に示す結果を得た．これはガガンボモドキの交尾を続けた時間と受精のうに入った精子の数の関係を示す．交尾を5分以内に止めた個体（婚姻贈呈（56 ページ）の量が少なかった）では精子は全然入っていない．5分以上の個体では交尾時間が長いほど注入精子数は増加し，20 分以上ではほぼ一定となるが，上下のふれがわずかなことに注意してほしい．下図はウリミバエの場

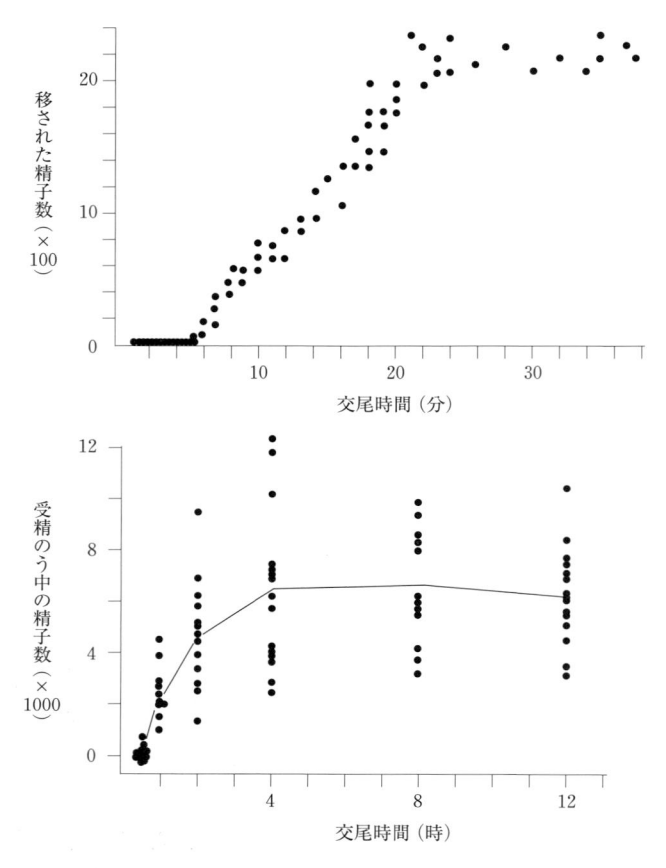

図49　ツマグロガガンボモドキ *Hylobittacus apicalis* およびウリミバエの交尾時間とメスの受精のうに注入した精子数の関係．Thornhill & Alcok (1983) および Yamagishi & Tsubaki (1990) のデータから Eberhard (1996) が描いたもの．上は偏差がすごく小さいことに注意．

合で（交尾時間が分でなく時だが），全体の傾向は似ているものの個体ごとの偏差（曲線の上下のふれ）がすごく大きい（なおこの図は雌による隠れた選択の概念を広く知らせた Eberhard が彼の本（1996）で説明用に 2 種を並べて描いたものである）．ガガンボモドキのメスはオスの精子受け入れに抑制機構をもっており，それをオスによって変えていて，この結果がオス間にもともとある注入力の偏差を緩めているのだろうという．

　アメリカでキュウリにつくハムシ *Diabrotica undecimpunctata howardi* のオ

スは交尾連結中にメスの身体をリズミカルにたたく．本種は大きな精包を注入するので，注入オスの体重は大分減り，メスの体重は増える．交尾前後の体重を正確に測定して（交尾期間中の乾燥による体重減少も考慮し），体重変化から精包注入の有無を調べたところ，メスは触角たたきのリズムが早くはっきりしているオスだけから精包を受け取っていた（オスの体長も挿入器の長さもオスがもっていた寄主キュウリの物質も関係なかった）．メスは触角たたきのリズムによって交尾中にそのオスの精包を受け取るかどうかを決めているのである．そして精包を受け取らなかったメスは他オスとの再交尾をすぐ受け入れたが，受け取ったメスは拒否した（Tallamy et al., 2002）．

Olsson et al. (1996) はトカゲの1種スナカナヘビ *Lacerta agilis* で2匹と交尾させたメスの卵から孵化した子は，2匹の交尾順にも注入した精子数にもかかわりなく，1匹のオスの子ばかりであり，DNA指紋法によって，メスは自分とDNAの構成が一番違っていたオスを選んでいることを発見した．複数のオスとの交尾は遺伝的に和合性のある精子を見つける機会を増やすためなのかもしれない．しかし精子識別のメカニズムは全くわかっていない（バークヘッド，2003も参照）．

雌による隠れた選択は鳥類，哺乳類でも知られている．80ページで示唆した気に入らないオスのつけた交尾栓をメスがはがす例も多い．一夫一妻で子育てをする鳥のペア外交尾は従来考えられていたようにペア外オスが強引にするのでなく，メスのほうが先に働きかけている場合がずっと多いこともわかってきた．クレブス・デイビス (1994)（原書1991）では，ほぼオスが能動的なペア外交尾を中心に議論をしているが，バークヘッド (2003, 284ページ) は「気がすすまない雌という神話は崩壊し始めたのだ」と書いている．この本に引用されている例をあげよう．

アオガラでは「あまり良くない」オスとつがったメスが「良い」オスとつがったメスよりペア外交尾に熱心だったことがわかった（「良い」か「良くない」かは，次の冬のオスの生存率でチェックした）(Birkhead & Møller, 1993)．

Evans et al. (2003) はオスがさまざまな色をもつグッピー（魚だが体内受精）において，2つの型のオスから取った精液を混合してメスにマイクロピペットで注入する実験を行った．この条件下で色のきれいなオスがより多くの子の父となった．本種のオスは黄色～オレンジの地色に黒点とルリ色の縞をもつ．個体を写真にとり計測器で濃度を測定したところ，オレンジが濃いオスの精液が

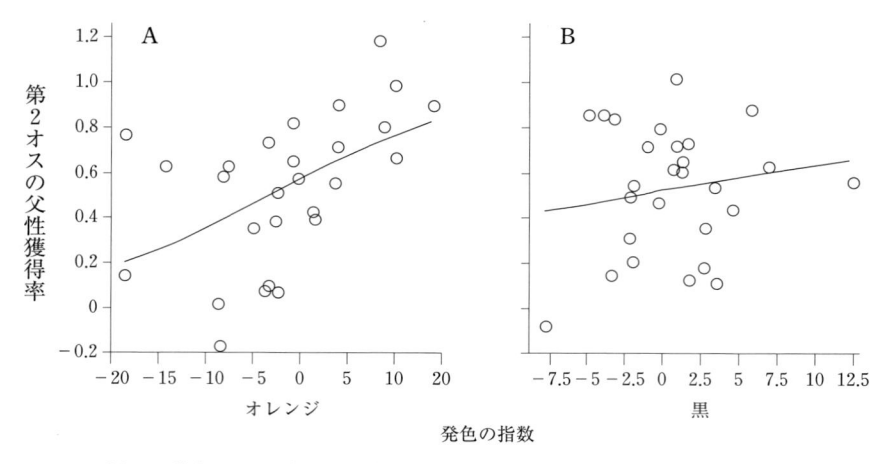

図50 異なる体色のグッピーの精液を混合してメスに注入したときの2匹目のオスの父性獲得率．横軸は色の濃さを測った値（Evans et al., 2003 より作成）．

高い率で子を残していた．黒点の大きさ，濃さは有意な関係がなかった（図50）．メスは精子を選択していると考えられる．本種では交尾前の配偶者選択でもきれいなオスを選ぶことがわかっているので，交尾前と交尾後の2回にわたってメスによるオス選択があるといえよう．

ではメスはどのようにして精子を識別するのか？　たくさんの可能性があり，それらを評価することは難しいが，Balmford & Reed (1991) の理論的検討などを参考にされたい．

メスによる隠れた選択の発見が，生物界におけるメスの役割の評価に新しい視野を開いたことも書いておこう．「奔放なオスと従順なメス」という従来の男性優位人間社会の価値観に合致したようにみえた考え方から，精子競争におけるメスの役割はずっと大きいと考えられるようになってきたのである．これを含めた精子の質と受精能力との関係，メスによる良い精子の選択などは Snook (2005) を参照されたい．

4-9　オスの対策

Ginsberg & Huck (1989) は哺乳類の精子競争の総説の中でメスの乱婚によってオスにとって精子競争の可能性が増したときの対策を5つあげた．彼らの

評価も含めると次の通りとなる.

(1) 交尾栓除去の方法やそれに適したペニスの形の進化——オオツノヒツジの仲間や霊長類で乱婚的な種は一夫一妻的な種より身体と比較して大きいペニスをもつという.ペニスを使って交尾栓を除去する可能性がある.

(2) 大量の精液注入——これは大きな睾丸や精子保持場所をもつことができる.製造コストの少ない無核精子やカミカゼ精子も良いだろう.哺乳類では良い証拠がわずかしかないが,霊長類や有蹄類では知られている.

(3) 受精能力の増加——遺伝的に生存期間が長い精子や強い受精能力をもつ精子をつくれるオスは利益があるが,証明はない.

(4) 交尾順を早める——P_2 が 0 に近ければこれは有効だが,1 に近い種も多い.

(5) 行動戦術 I. 優位性——最優位なオスはメスが一番排卵可能性の高いとき交尾できる可能性があるが,データはほとんどない.

(6) 行動戦術 II. 長期間ペニス挿入(精液放出後の挿入継続)やそれに似た行為(それらしい例が少数ある).

第5章
ESSによる行動の変化と社会関係による性比変化の理論

5-1 ゲームの理論

動物が闘争を控える原因は「種の繁栄」のためではない

　動物の社会行動はさまざまだが，興味があるのは同一種内でもどの個体も同じ行動をとるわけではないということである．たとえば多雌創設しているアシナガバチの創設メス間には順位制があり，劣位なメスは優位なメスにつつかれる．このとき前者はよく巣面にピタリと「平伏」してしまい，すると優位メスの攻撃も終わる．しかし順位の近いメス同士だと激しいとっくみあいになり，ときには刺し殺すこともある．同じようなことは哺乳類の群れでもみられる．

　動物はどうしてあるときは闘いを控えるのか？　以前にはこれも「種の繁栄」の論理で，「種全体の利益のために攻撃を控えるのだ」と説明されてきた．しかしこの考えに無理があることは第1章を読んだ読者には想像がつくだろう．

　イギリスで航空工学をやってから生物学に転じたメイナード・スミス（Maynard Smith）は，生物の各個体が，ある社会的条件のもとで，自分の適応度を最大にしようと努力するなかで社会に何が起こるかを，ゲームの理論で説明した（メイナード・スミス，1985など）．

　ゲームの理論とは，相手のあるゲームで相手の行動（たとえば「王手」を掛けてきた）に対応して自分の行動を決めるとき，どういう行動をとったらよいかを研究する数学的な理論である．

　2匹の動物がある資源をめぐって争っていると考えよう．資源を首尾良くとったほうは自分の型の子孫を増やす（適応度を増す）とする．この場合とりうる戦術は2つあって，1つは「タカ派戦略」で，これは自分が傷つくか相手が逃げ出すまで闘う．もう1つは「ハト派戦略」で，まず自分の縄張りを示すためちょっと誇示はするが，相手が闘いをいどめば，闘わずに逃げる．ハト派同

表4　タカ・ハトゲームの利得行列

自分＼相手	タカ派	ハト派
タカ派	1/2V - 1/2C	V
ハト派	0	1/2V

士が出会ったときは資源を半分ずつに分けあおうとする（2回に1回片方が全部とるとしても結果は同じ）．

ハト派戦略とタカ派戦略

　ハト派ばかりのすむ社会にタカ派が突然変異で生まれたり，外から侵入したりすると，タカ派は闘いをいどみ，ハト派はつねに逃げるので，タカ派が容易に資源をとれ，個体群中にタカ派が増えてゆく．ではそのうち個体群はタカ派だけになるだろうか？　そうとは限らないのである．

　資源に50点の価値があるとすると，勝者は50点（これをVとする），敗者は0点．けがは-100点（これを$-C$とする：すなわちコスト$=100$）だとしよう（表4）．

　ハト派だけのときは，出会った2匹がそれぞれ25点ずつをとる．ここにタカ派が侵入すると最初はハト派ばかりと出会い，つねに勝つので50点，ハトは餌はとられるがけがはしないので0点（ここでハトの0というのは，適応度0ではなく，対戦前と同じということである）．すなわちタカのほうがハトの25点より利益が大きいので，個体群中にタカが増えてくる．

　では個体群がタカ派ばかりになるとどうだろう．勝ったときは50点とれるが，負けたときはけがをして-100点だから，2回に1回勝つとすると平均は$50/2 - 100/2 = -25$点である．ここへハト派が侵入すると，ハト派はいつも負けるがけがをしないので0点で，タカの平均-25点よりは大きいのでハト派が増える．

　個体群のなかのタカ派の割合をP，ハト派の割合を$1-P$としよう．するとタカ派個体の平均利得Hは

$$H = P(1/2V - 1/2C) + (1-P)V$$
$$= -25P + 50(1-P)$$

ハト派個体の平均利得 D は

$$D = P \times 0 + (1-P) 1/2 V$$
$$= 25 (1-P)$$

$H = D$ とおくと P は $25/50 = 1/2$，$(P = V/C)$．この場合はタカ派とハト派が半分ずつの状態で両派が共存することになる．

　もちろん，利益と損害の値によっては片方しか生存できない．ハト派同士の対戦にコストがない場合，$P = V/C$ で，$V > C$ ならつねにタカ派が全部を占め，そこにハト派が侵入しても滅びてしまう（計算上 P が 1 以上になったときは 1 とする）．しかしハト派だけになる条件はない．

　では，縄張りをもつ動物のように，縄張り所有者のときはタカ派のようにふるまい，他個体の縄張りに入ったときはハト派のようにふるまう個体がいるとどうなるだろう？　これをブルジョワ派とすると，計算は略するが，タカ派とハト派のなかにブルジョワ派が入り込むとつねにブルジョワ派ばかりとなる．

　メイナード・スミスはこうしたゲームの結果，個体群がある戦略をとる個体だけで占められ，そこにどんな変異個体が侵入しても排除されてしまうとき，そのような戦略を「進化的に安定な戦略」(evolutionary stable strategy) と呼んだ．略して ESS という．さきの $V > C$ の場合はタカ派が ESS だし，表の例 ($V = C/2$) ではタカ派・ハト派半数ずつの混合というのが「進化的に安定な多型状態」である．この後の場合を混合 ESS ともいう[7]．

　「親の投資」の違いにより，また父親が誰かが不明確なことにより大部分の動物でメス親が子の世話をすることは 73-75 ページに記した．メイナード・スミスはゲーム理論による両親の世話の可能性のモデルも提出している（Maynard Smith, 1977；長谷川眞理子，2004 に要領の良い解説がある）．

　両親ともに子を世話しないときの子の生存率を P_0，片親による世話があったときの生存率を P_1，両親ともに世話をしたときの生存率を P_2 としよう．このとき $P_2 \geq P_1 \geq P_0$ だと考えられる．メスが世話をしないときに産む子の数を W，世話をするときの子の数を w としよう（$W \geq w$）．オスが世話をしないと

7）混合 ESS と混合戦略とは異なる．後者はメイナード・スミスの定義ではある個体が X ％タカ派的に Y ％ハト派的にふるまうような場合をいう．

表5 メイナード・スミスによる子の世話ゲーム (Maynard Smith, 1977 から長谷川, 2004 がつくった表をもとにした).

		メス	
		世話する	世話しない
オス	世話する	wP_2 / wP_2	WP_1 / WP_1
	世話しない	$wP_1(1+p)$ / wP_1	$WP_0(1+p)$ / WP_0

記号は本文を参照.

きに次の配偶相手を獲得する確率を p とする.

　オスとメスがそれぞれ世話をする,世話しない,という戦術をとったときの双方の利得行列は表5のようになり,4つの ESS が生じることを予想させる(斜線の上がメス,下がオスの利得).

　ESS1,両親ともに世話しない：世話をしないメスが産む子の数とその生存率の積 (WP_0) が世話をするメスのそれ wP_1 より大きく(そうでなければメスは世話をするだろう),かつ両性ともに子の世話をしないときの子の生存率とオスの配偶者獲得数との積 $P_0(1+p)$ が,片親の世話による子の生存率 P_1 より大きい(そうでなければオスが世話をする).

　ESS2 (トゲウオ ESS),オス親だけが世話をする：世話をしないメスが産む子の数と片親だけが世話をしたときの子の生存率の積 WP_1 が世話をするメスが産む子の数と両親が世話をしたときの子の生存率との積 wP_2 より大きく(そうでなければメスが世話をする),かつ片親が世話したときの子の生存率 P_1 が誰も世話しないときの子の生存率と世話しないオスの配偶者獲得数との積 $P_0(1+p)$ より大きい(そうでなければオスは世話しない).

　ESS3 (カモ ESS),メス親だけが世話をする：$wP_1 > WP_0$(そうでなければメスは世話しない)でかつ $P_1(1+p) > P_2$(そうでなければオスが世話をする).

　ESS4,両親とも世話をする：$wP_2 > WP_1$(そうでなければメスが世話をしない)で,かつ $P_2 > P_1(1+p)$(そうでなければオスが世話しない).

トゲウオ ESS は $W > w$ で $P_1 \gg P_0$ で，かつ P_2 が P_1 よりそう大きくないとき有利だろう．

山村則男ら（Yamamura & Tsuji, 1993）はこのモデルを発展させた子育てのゲーム理論モデルを発表している．これを用いてオス親のみ，メス親のみ，両親の3つの子の世話の様式がともにみられるセントピーターズフィッシュという魚で行われた研究では，オス親のみによる世話が進化的に安定しているという結果が出た（Balshine-Earn & Earn, 1997）．なぜだろう？　本種の野外個体群では実効性比（繁殖にかかわりうる性比）と片親保育に対する両親保育の有利さが水系によりひどく違う一腹卵数によって変わっていて，それらを取り込んだモデルが必要なようである．

ESS の解説書としては，メイナード・スミス自身が書いた『進化とゲーム理論』がある．ただしやや難しい．山村則男（1986）『繁殖戦略の数理モデル』から読むのもよいだろう．

5-2　イチジクコバチとハダカアリ：種内殺戮のESS

ハミルトンのイチジクコバチ

包括適応度の提案者ハミルトンはブラジルの森林でイチジクコバチというハチの興味ある研究をした．

ここでイチジクコバチと呼ぶものは，日本のイヌビワコバチ（イチジクコバチ科）のようにイヌビワなどイチジク科の実（本当は花）に寄生する種のほか，そのような種に寄生すると考えられているイヌビワオナガコバチ（オナガコバチ科）のような種の両方を含んでいる．どちらもメスは有翅だがオスには有翅と無翅とがあり，多くの種は両方を出す．そして種によっては無翅オスは有翅オスよりずっと大きな大顎をもっている．この仲間には1果に1メスしか卵を産まない種（おそらくそのメスが果実に忌避フェロモンをぬりつけ，その匂いを感知した次のメスが産卵を避けるのだろう）があるが，こういう種のメスは1果にオス1匹とメス多数を産みつけ，このオスが姉妹すべてと交尾する．こういう種のオスはすべて無翅だが，彼らの大顎は大きくない．

ところが1つの果実に何匹ものメスが産卵する種もあり，こういう種では無翅オスの大顎は大きく，果実内で無翅オス同士の戦いが起こり，最大の無翅オスが他のオスを殺してすべてのメスと交尾する．では有翅オスはどうするかと

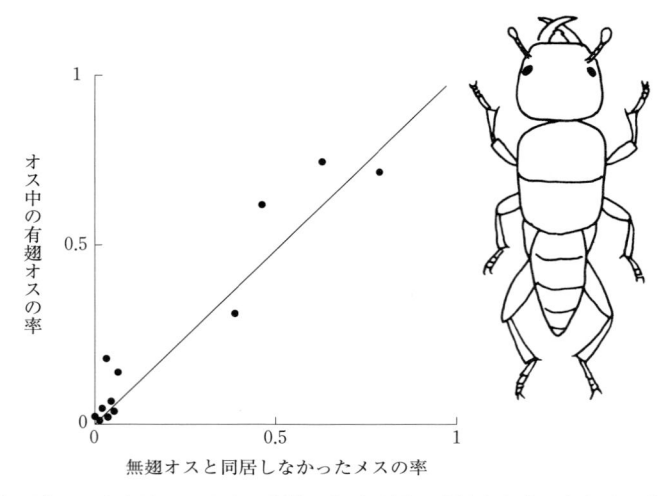

図51 ブラジルのイチジクコバチの仲間における同一「果実」内で無翅オスと出会わないメスの率とオス中の有翅オスの率との関係．点1つが1種（Hamilton, 1979）．右の図は日本のイヌビワコバチの無翅オス．

いうと，羽化した果実から飛び立って他の木に行き，無翅オスが羽化しなかった果実などから処女で出てくるメスと交尾する．

したがって個体群全体での無翅オスの率と，有翅オスがどのくらい羽化するかには関係があると期待される．ハミルトンが10種のイチジクコバチで，(1) 果実内で無翅オスと共存していなかったメスの率と，(2) オス中の有翅オスの率とを調べたところ，両者のあいだには著しい1対1の関係があった（図51）．おそらく，有翅オスと無翅オスの比率がそれぞれの種ごとにESSになっているのであろう．

沖縄のハダカアリ

アリの仲間に普通のアリのオスと同じ有翅のオスのほかに無翅のオスをもつ種があり，無翅オスの大顎は非常に大きいことが分類学者には知られていた．イチジクコバチの論文の中でHamilton (1979) はこうしたアリにも類似の現象があることを予想したが，1985年，このことが岐阜県の高校教師の木野村恭一と岐阜大学の山内吉典によって確認された．

沖縄の県花デイゴの木の枯れ枝には芯に空洞ができ，いろいろなアリがすむ

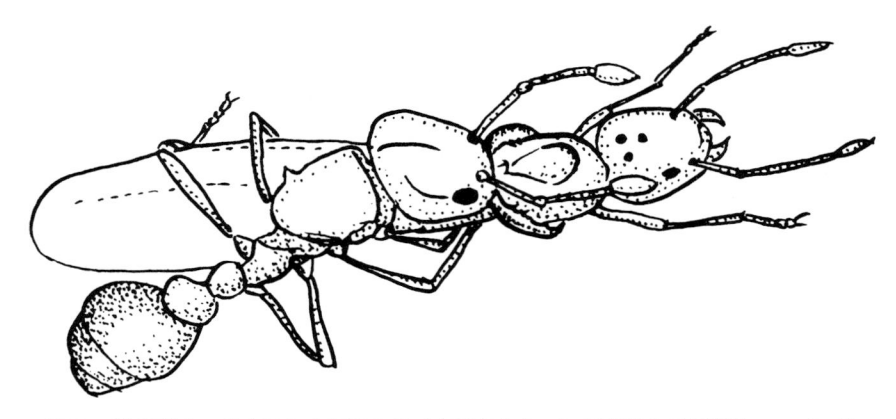

図52　沖縄産のハダカアリの無翅オス（大顎が大きい）が有翅オスに噛みついているところ（山内吉典博士撮影の写真から描く）．

が，その1つにキイロハダカアリがいる．このアリのオスには有翅型と無翅型があるが，前者はごく普通の「羽アリ」の形であるのに対して，無翅型のオスは大きな大顎をもっている（図52）．そしてこの無翅オスは巣内で羽化したばかりの他の無翅オスや羽化直前の無翅オスの蛹を噛み殺すのである．無翅オスはこうして，巣内で新しく羽化する新女王と独占的に交尾する（本種のコロニーは多女王のことが多く女王が無翅オスの妹とは限らないが，おそらく血縁度は高いであろう．単数・倍数性は近親交配を許すことを思い出してほしい──9ページ）．一方，有翅オスは，実験室の人工巣内では無翅オスに殺されることが多かったが，野外ではイチジクコバチのように多くが飛び出して他のデイゴの木に行き，偶然ないし何かの原因で無翅オスの出なかった巣にいる新女王と交尾するのだと思われる．どのようにして有翅と無翅は決まるのか？　両者は遺伝的には同じだと考えられる．もし育った順で決まるのであれば，相手の存在を感知して戦略を変えることの生理的基礎を研究する良い材料となる可能性がある（Kinomura & Yamauchi, 1987；山内，1993を参照）．

5-3　縄張り防衛か空き巣狙いか

ハッチョウトンボの2つの戦術

　ハッチョウトンボは世界でも最も小さいトンボの仲間で，本州中部の草地の

中のごく浅い湧水池で繁殖する．椿宣高は名古屋大学にいた頃，このトンボのオスの繁殖戦略を調べた．まずオスは成熟すると繁殖場所である湧水池に現れ，直径 1～2m の小さな縄張りを形成する．この縄張りに他のオスがやってくると，縄張り所有オスは飛び立ってこれを攻撃し，追い払う．しかしメスがきたときは，空中でメスをつかまえ，まず尾つながりとなり，ついで交尾する．交尾が終わるとメスは離れ，普通オスの縄張り内の水面に産卵する．オスは産卵中のメスの上でホバリング（停止飛翔）しながらメスをガードする（86ページ図 47 参照）．そして他のオスがやってくると追い払う．つまり縄張りオスは自分の精子が他のオスによって置換（82 ページ）されてしまわぬよう警戒しているのである．

ところが，オスはすべて縄張りをつくるわけではない．強い個体が「良い縄張り」（メスの飛来数が多い）を占め，以下順位が下がるにつれて悪い（メスのくる数が少ない）縄張りを占めるが，縄張りをもてない個体もある．こういう個体は縄張りオスの縄張りのそばにきて草にとまっている（とまっていると縄張りオスに発見されにくい）．そしてメスがやってくると，縄張りオスが気が付かぬうちに（あるいは縄張りオスが他のオスを追って縄張りの外に出ているすきに）つかまえて交尾する．そして尾つながりで縄張りを離れ，オスのいない水面で産卵させる．こういうオスを「空き巣狙い」（sneaker）と呼ぼう．

空き巣狙いオスは縄張りをもてる水面が全くないときにだけいるのではない．密度の高いときに縄張りとなるような場所がだいぶ余っていても，良い縄張りの周辺には空き巣狙いがいることが多い．そして交尾できるメスの数も良い縄張りを占めたオスよりは少ないが，悪い縄張りを占めたオスよりは多い．おそらくオスは自分の相対的力量がわかり，良くない縄張りをとるか空き巣狙いとなるかを決定するのだと思われる（Tsubaki & Ono, 1985, Tsubaki et al., 1994）．

良い縄張りをとれるか否かは，体サイズの違い（幼虫時代の餌条件によるのだろう）とも関連しているが，オスの齢とも関係している．性的に成熟したばかりのオスは良い縄張りをとれないが，十分成熟し，腹部が真紅となったオスは良い縄張りをとれ，老齢のオスは再びとれなくなる．したがって空き巣狙いオスは良い縄張りのオスを攻撃し，入れ替わる可能性ももっている．

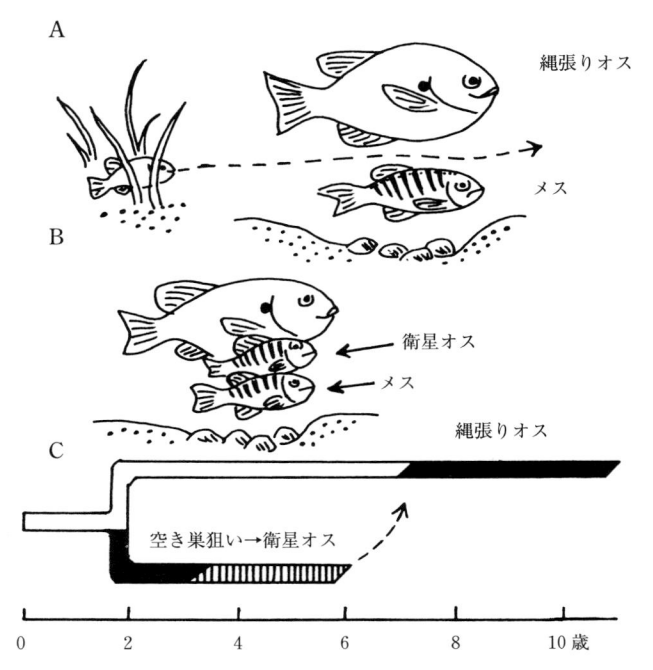

図53 ブルーギル・サンフィッシュのオスの行動多型．A：縄張りオスの縄張り内でメス（縦縞あり）が放卵しているところに，近くに隠れていた小型の「空き巣狙い」オスが侵入し，放精する．B：空き巣狙いオスは成長すると縦縞を生じて衛星オスとなり，こうしたメスへの擬態によって，縄張りオスとメスのあいだに入り込み，放精することができる．C：2つの型の成長．縄張りオスは7歳をすぎないと繁殖しない（Gross & Charnov, 1980 等 Gross たちの論文を使って作図）．

5-4　サンフィッシュとイワナ：混合 ESS の例

サンフィッシュ：縄張りオスと空き巣狙いオスの分化

　アメリカの湖にはブルーギル・サンフィッシュという魚が多い．この魚には性的2型があり，オスは大型でからだに縞がなく，メスは小型で縦縞がある．そしてこういうオスは湖底のある場所の砂をひれであおいで動かし，小石の露出した「巣」をつくり，そこを他のオスに対し防衛する．メスがやってくるとオスはメスにつきそい，放卵と同時に放精する．そしてメスが去ったのち，卵を保護する．ところが産卵場所の水草の中には小さいオスが隠れている．彼らは縄張りオスに守られて放卵しつつあるメスのそばに突進し，放精する．縄張

りオスはもちろんこういう「空き巣狙い」を攻撃するが，後者がうまく放精して，自分の精子に受精させることも少なくない．

ここまではハッチョウトンボの話と似ている．しかし，ユタ大学にいた M. R. Gross はこの空き巣狙いオスが縄張りオスと全く違った生活史をもつことを発見した．個体群中のオスを全部捕らえて鱗から年齢を査定し，精巣の発育を調べると，発達したオスの割合には 2〜4 歳と 7 歳以上の 2 つの山がみられたのである．そして，前者は空き巣狙いオスと後述する衛星オスであり，後者が縄張りオスであった．しかも，空き巣狙いオスが縄張りオスになるのではなく，縄張りオスは 7 歳をすぎてはじめて精巣が発達するのである．

さらに，小型でからだに縦縞をもった一見メスのようなオスがいることもわかった．こうしたオスは縄張りオスの縄張りの中に入り込んでも攻撃されない（メスと間違えられるのであろう）．そしてメスが放卵するとき縄張りオスとメスのあいだに入って放精するのである．

これを衛星オスと呼ぼう．衛星オスの年齢は 4 歳ないし 5 歳で，これは空き巣狙いオスが発育して模様がメス状に変わったものなのであった（図 53）．

すなわち，ブルーギル・サンフィッシュのオスには 2 つの決まった型があり，一方はゆっくり成長して 7 歳で成熟し縄張りオスとなり，他方は空き巣狙いオスとして 2 歳から繁殖を始め，のちメスに擬態した衛星オスとなり，6 歳で死ぬのである（このあとで縄張りオスになるのがいることを完全に否定はできないが，いるとしてもその率はごく低いだろうという）．

Gross & Charnov (1980) は縄張りオスと空き巣狙い・衛星オスとは ESS で共存していると考え，モデルを立てた．モデルの予測は現実の分離比とほぼ一致していた．

日本のミヤベイワナのオスの 2 型

サンフィッシュと同様のオスの 2 型は何種かのマスの仲間でも知られている．北海道大学の前川光司らは然別湖とその周辺にすむミヤベイワナで，次のことを明らかにした．本種のオスには成熟前に然別湖に下る降湖型と川だけで暮らす河川残留型とがある．秋に産卵場所である渓流に集まる河川残留型のオスは 2〜4 歳，降湖型のオスは 4〜6 歳で，前者は後者よりずっと小型である．すなわち河川残留型は早く成熟する．降湖型のオスは川底を掘って「巣」とし，メスとペアをつくり，産卵させる．これに対し河川残留型のオスは産卵中のペ

アに急速に近づいて放精する空き巣狙いである（降湖型の1ペアのまわりにくる残留型のオスは複数のことも多く，これが放精成功にも影響するが，省略する）．電気泳導で調べると両型は遺伝的に異なる．そして空き巣狙いの河川残留型は実験条件では約17％の卵を受精させうることがわかった．メスはオスとペアをつくらないと放卵しない．そして河川残留型は小型なので通常ペアをつくれない．

さらに河川残留型は自分の空き巣狙いがうまくゆかなかったとき，降湖型の産んだ卵を食う食卵の傾向がある．Maekawa & Hino (1987) は，Gross & Charnov (1980) のモデルにこの差別食卵を入れることによって，河川残留型になるオスの率（オスの約30％）を予測することができた．ここでも2型の共存は混合ESSなのであった（魚の繁殖行動に関する論文集である後藤・前川編の『魚類の繁殖行動』(1989) 中の前川の文章を参照．なおこの本には前記 Gross も加わった繁殖戦略の進化の理論的考察の論文も入っている）．

5-5　動物の性比はどうして決まるか？

なぜ性比は1：1か？　フィッシャーの性比

今度は動物の性比のことを考えてみたい．なぜ有性生殖という面倒なことが行われるかとか，なぜ卵と精子の大きさはあんなにも違うのかという問題にも面白い論議があるが，ここではふれない（巌佐，1981, 1992 を参照）．

なぜ大部分の動物の性比は1：1なのか？　高等動物の群れの中の性比は1：1でないことも多いが，生まれたときの性比はメス・オス同数である種が圧倒的に多い．「性染色体が受精のときランダムに分けられるから1：1があたりまえだ」という説明が多いが，実はこれは回答になっていない（107ページ参照）．

自然淘汰による進化の観点からこの問題に最初の解決を与えたのは，前節の性淘汰のところで出てきたフィッシャー（R. A. Fisher, 1930）だった．

ある動物の性比が何かの原因でメスのほうに偏ったとしよう．1匹の母がつくる子の数には限度があって，またどちらの性の子をつくるにも同じ量の資源が必要だとしよう．ここにオスを余計に産む，またオスばかりを産む個体が出現したとすると，72ページに書いた理由でオスはメスよりもたくさんの異性個体と交尾できるので，この母の遺伝子をもった孫の数（すなわちその母の適応度）は，オス・メス同数の子をつくる母の孫の数よりは多くなるだろう．す

るとオスを多く産む（性比をオスに偏らせる）という遺伝子は，個体群中に広まり，個体群全体の性比は次第に 0.5 でなく，0.6 や 0.7 になってゆくだろう［社会生物学では性比は（オスの数）／（オスの数＋メスの数）で表すことが多い．個体群生態学者がよく（メスの数）／（オスの数＋メスの数）を使うのと違っている］．

しかしここで問題が生ずる．その結果たくさんの母が娘より息子を余計産むようになると，たくさんの息子たちが少しの娘をめぐって争うようになり，息子は前ほど多くの娘と交尾できなくなってしまう．そしてこれまでと逆にメスを余計産む母の適応度が上がるだろう．こうしてオスに偏った性比はメスの側に偏り始め，結局性比は 0.5 になったところで安定となるというのがフィッシャーの考えであった．つまり性比においては 0.5 が ESS なのである．

寄生バチはなぜメスを多く産むか？——ハミルトンの性比

ところが捕食寄生バチなどは，オスが少なく，性比が 0.5 から大きく離れている種が多い．

ハチの属するハチ目は単数・倍数性だということを思い出そう．未交尾のメスはオスだけを産み，交尾したメスは両性の子を産む．たとえば，アゲハチョウの卵に寄生するキイロタマゴバチやアゲハタマゴバチでは，性比は 0.1（メス 9 匹対オス 1 匹）にすぎなかった．しかし，どの寄主卵からも両性の子が羽化したので，どのメスも交尾していることがわかった．そして両種とも大部分が寄主卵の中で交尾をすませてから出てくるのであった．この例では重複寄主（何匹ものメスバチが 1 つの寄主に産卵する）はあまりないと考えられたので，(1) メスは産卵のときオスを少なくメスを多く産み，(2) 寄主卵の中で羽化前に兄弟と姉妹間の交尾が起こっている，と結論された．

なぜこういう寄生バチの性比はフィッシャーの性比（0.5）でないのだろう？この問題を解いたのは Hamilton (1967) である．

フィッシャーの性比 0.5 が成立するためには，交尾がでたらめに起こっていることが必要である．ところが同じ寄主に産み込まれた少数のメスの子のあいだでしか交尾が起きないとすると，どれかのメスがオスの子を多く産んだとしても，その子たちが他の母の子がいる別の寄主卵のところへ飛んでいってそこのメスの子と交尾することはできない．するとこのメスは，オスを余計産むという変異によってちっとも得をしないで，逆に損をしてしまう（オスを余計産

むにはメスの子の数を減らさねばならない）．10匹子を産むハチが兄弟姉妹交尾の場合には，性比0.5であれば娘が5匹で，彼女たちが全部生存し10個ずつ卵を産めば孫は50匹，ところが性比0.1であれば娘は9匹で，1匹の息子が娘全部と交尾できるなら90匹の孫が生まれる．母にとっては少しのオスとたくさんのメスを産むほうが得なわけで，最小の性比で子を産むメスの系統が次第に他の系統を駆逐してゆくだろう．

すなわち，交尾が局所に限定されている結果，少数のメスの息子同士が限られた数の娘をめぐって競争しなければならない条件（局所的配偶競争，local mate competition：LMCと略す）では性比がメスに偏る，というのがハミルトンの説である．

ハミルトンによると，n匹のメスに由来する子のあいだでランダムな交配が行われる場合には

$$平衡性比 = \frac{n-1}{2n}$$

の関係が期待される．

この式によると，交配集団（全部寄主卵の中で交尾する種なら寄主卵1個中の子孫のグループ）が1匹のメスの子たち（兄弟姉妹）であるときは性比はゼロ（メスだけ），母が2匹のときは0.25，3匹で0.33，10匹で0.45，100匹で0.495となる．母親の数が増えるほどフィッシャーの性比0.5に近づくことがわかる（ただしこのモデルは倍数性を前提としていて，単数・倍数性のときはちょっと補正を要する．またどちらにしてもオスがゼロというのは具合が悪いが，母の産んだ1匹の息子がすべての娘を受精させる状態と考えてほしい）．

重複寄生のときの性比のゲーム

当時京都大学大学院研究生だった鈴木芳人と巖佐庸（現九州大学）は，ハミルトン説をさらに発展させ，包括適応度とゲーム理論を駆使して，有名なモデルをつくった．

寄主に1匹だけの母バチが産卵するとき，この母はメスを多く産むことは，すでに述べた．では2匹目のハチが来たら，彼女はどうするだろう？　2匹目のハチは匂いで寄主がすでに寄生されていることがわかる．そして寄生されているときは戦術を変えることができるとする．

このような条件下で，1匹目のハチも2匹目のハチも産卵数や性比を調節し

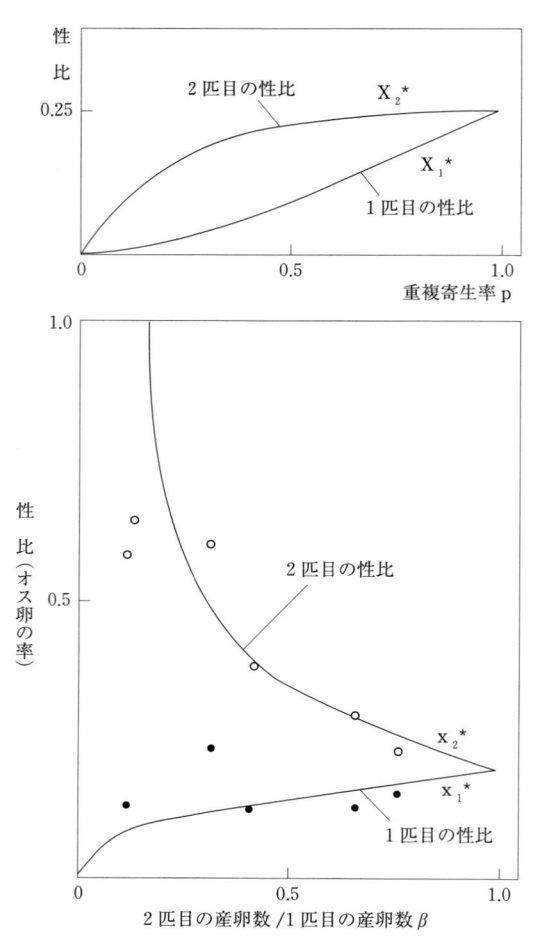

図54 上：同じ寄主に2匹の寄生バチが寄生したときの1匹目のハチと2匹目のハチが産む子の平衡性比．2匹とも同数の卵を産むと仮定．下：2匹の寄生バチの産卵数の比が異なるときの1匹目と2匹目のハチの平衡性比（図中の丸はHolmesのデータで，黒丸が1匹目，白丸が2匹目のハチのもの．Suzuki & Iwasa, 1980）．

て自分の適応度を最大にすべくふるまうとすると，どちらも同数の卵を産み，あとで生まれた子も損をしないという最も簡単な場合，各メスが図54上の曲線のような性比で産卵すると期待される（Suzuki & Iwasa, 1980参照）．

　図の横軸は重複寄生の率だから，重複寄生率ゼロでは，どのメスもメスの子だけを産むのが良く，つねに2匹の母親が産卵するなら（$p=1$）どちらもハ

ミルトンの式の $n = 2$, つまり, 性比 0.25 が良い. そして中間では 1 匹目はオスを少なく産み, 2 匹目はそれより多くのオスを産むと考えられる. 1 匹目にとって 2 匹目が産卵するかどうかは不確定で, 兄弟姉妹交尾を前提として産卵しているのに対し, 2 匹目のハチは 1 匹目の子供がいるのを知っており, 自分の息子が 1 匹目の娘とも交尾できるように息子を増やしている.

しかし実際には, 1 匹目に比べて 2 匹目のハチは, 普通卵を少ししか産まない（すでに 1 匹目のハチの子が大きくなっていたらこれに食い殺されたりするからだろう）. そこで産卵数の比がゼロ（2 匹目は産卵しない）から 1（1 匹目と 2 匹目が同数産卵）まで変わったときどうなるかを, モデルで予測したのが図 54 の下のグラフである. 1 匹目のハチの性比は, 2 匹目が産卵しないときはハミルトンの式通りでゼロ, 2 匹目が同じ数産むときは 0.25, 中間ではその間の値をとる. 一方, 2 匹目のハチは自分の産卵数を減らすにつれてオスを多く産むようになり, 産卵数の比が 1 匹目 11 対 2 匹目 1 になるとオスだけを産むと予測される. そしてこの予測は, 図の丸印でわかるように, H. B. Holmes という人がキョウソヤドリコバチという寄生バチで行った実験結果とじつによく一致していた.

アブラムシの性比

ハミルトンのモデルでは, 母バチの産卵数に個体差がないことが, 暗黙のうちに仮定されていた. しかし昆虫の種によっては母親の大きさに非常に変異があるものもある. こういう種では母親は自分の産みうる子の数に応じて性比を変えるだろうか？

山口陽子は京都大学の大学院生時代にアブラムシの 1 種トドノネオオワタムシを使ってこの問題を研究した.

本種は多くのアブラムシ同様, 1 年に 1 回だけ産性虫というのが出てきて, 一次寄主に移住し, メス・オスの子を胎生する. この子供は交尾して卵を産む. 一次寄主に飛来した産性虫は樹皮の割れ目に数匹ずつ集まって子供を産み, しかも子供はほとんど動けないので, 1 か所に集まった産性虫の子供間で交尾が起こると考えられる. これはハミルトンの LMC にあたる条件である. そして, このアブラムシの有性世代の子供たちは母親の体内で完全に成熟するので（生まれてからは餌をとらない）, 母を解剖して子の大きさを計ることができる（図 55）.

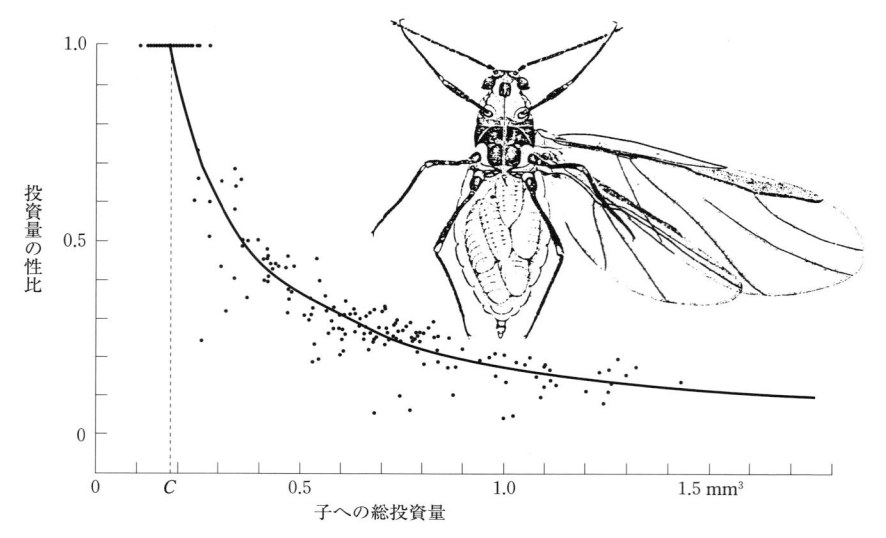

図55　トドノネオオワタムシの産性虫（体内の両性世代は発育しきっている）と体内の子の総体積（総投資量）に対する各メスの子の性比（体積比）の関係（山口，1986より）．モデルから計算した曲線との一致に注意．

　この虫ではオスはメスの3分の1くらいの大きさしかない．こういうときは性比を数の比でなく容積か重さの比で計るほうがよい．移住直前のたくさんの産性虫をアルコール漬けにして，顕微鏡で胎児の容積を計ったところ，性比は全体では0.37であった．そして，母体内のメス胎児の総容積が0から1.4 mm^{3}まで変わるあいだ，オス胎児の総容量は0.17 mm^{3}で，一定の値を示した．いいかえれば，胎児の総容積0.17 mm^{3}まではオスだけを産み，それ以上を産むときはオスを0.17 mm^3（3〜4匹）産んで残りをメスにしていたのである．大きな産性虫の場合は，オス4匹プラスメス10匹くらいを産むことになる．そして0.17 mm^{3}という値は山口が立てたモデルの予測値とよく一致していた．すなわちトドノネオオワタムシのメスは自分の産める子供の数に応じて，性比を調節していたのである（Yamaguchi, 1985）．
　山口の研究の意義はこれにとどまらない．ハミルトンのモデルを支持するデータはこれまで単数・倍数性のハチ目のものばかりだったので，2倍体の動物で，性染色体の配分で性が決まるような動物では，たとえば「XXとXYの染色体がどちらへ行くかはチャンスで決まるのだから，1：1の性比はあたりま

えだ」という批判も出ていた．山口は2倍体の種ではじめて性比の理論が成り立つことを示したのである．

すでに出てきたように，性比を0.5から偏らせる要因はLMCだけではない．30年以上前にTrivers & Willard (1973)は条件付性比調節の仮説を提出した．体サイズが大きいオスがオス間闘争に勝利し，配偶者を独占する場合を考えよう．そのとき体サイズの大きいオスは多くの子を残せるが，小さいオスはほとんど子を残せず，オス間の適応度の差は大きい．一方メス間では体サイズによる残せる子の数の差はそう大きくないだろう．

こういう配偶システムと同時に，メス間に順位があって，順位が高くて栄養条件の良いメスは（たとえば大きい縄張りや餌の多い縄張りを確保して）多くの資源を子に提供し，その結果子の体サイズにばらつきが生ずるなら，メスは自分の身体の条件に応じて子の性比を調節すべきである．つまり順位が高くて身体や餌条件が良く，大きな子をつくれそうなときは息子を産み，体調が悪いときは小さくても孫をつくれる娘を産むべきである．体調は餌資源の結果だから，局所的資源競争（local resource competition, LRC）による性比決定の仮説である．

順位の高い母は息子を産む——アカシカの性比

さらに最近のデータはXX, XY染色体型の性決定をする哺乳類でも性比は1：1と限らないということを示しつつある．特にこのことを明瞭に示したのはイギリスのClutton-Brockらのアカシカ野生個体群の研究である．彼らはイギリスのある島で徹底的に個体識別をして，あるシカの個体群を十数年にわたって追跡した．これによりどのメスは何歳のとき何匹の子をつくり，その性比がどうで，オス・メスの子各何匹が成熟して孫をつくったか，そして母の順位と子の順位との関係はどうか，順位と適応度の関係はどうか，などが明らかになった．

それによると，牝ジカは周年母と娘およびときには孫娘からなる母系の群れをつくって生活しているが，成メス間に順位があって優位なメスは良い縄張りを確保できる．一方，牡ジカは非交尾期にはオスグループで暮らし，交尾期になるとメスグループに入り込みそれを占有する．このときオス間には闘争が起こり，角はその武器となる（同性内淘汰，54ページ）．したがってオスは大型なほど適応度が高いが，優位なメスの息子は順位が高くなる傾向がある．その

表6 クロクモザルの子の出産時の性比と母親の順位（McFarland Symington, 1987 より作成）.

子の性	オス	メス	不明
	12	32	2
		$P < 0.005$	

母の順位	高		低	
子の性	オス	メス	オス	メス
	12	11	0	21
		$P < 0.001$		

表の上の $P < 0.005$ は性比が 0.5 から有意に偏っていることを，下の $P < 0.001$ は，母の順位によって性比が有意に違うことを示す．

原因の1つは，優位な母が良い縄張りを確保する結果息子が大きく健康に育つことだが，優れた遺伝的形質を引き継ぐこともありうる．

ところで，オスの順位による適応度の差は，メスの場合よりずっと大きい．したがって母の順位と子の適応度のグラフをつくると，オスでは母の順位が高いほど子の適応度も高くなったが，メスではこうした関係はないことがわかった（図56の上）．そして Clutton-Brock は順位のわかっているメスの産んだ子の性比を調査して，母の順位が高いほど子の性比がオスに偏ることを明らかにした．まさか，と思うようなことだが，図56の下にみられるように，この傾向は明瞭である（水平破線は平均性比）．こうして優位なメスはたくさんの優位な息子を育てることによって，多くの孫を得るのである（図56では右ほど順位が高い）．

これも包括適応度の拡張と考えるなら，アカシカの母は産む子の数は同じでも子の性比を調節して包括適応度を最大にしているわけである．

これほどデータは多くないが，最近南米のクロクモザルでも同様なことが発見された．このサルは多雄多雌の集団で暮らしているが，1位ないし2位のオスだけが有効な交尾ができる．そして群れに残るのはオスで，メスが成長すると群れから出てゆく．このサルで攻撃や，相手を避ける行為の頻度によってメスの順位を記録し，各メスが6年間に産んだ子の性を調べたところ，順位の高い（順位表の上半分）メスたちはオス12匹メス11匹を産んだが，順位の低い（順位表の下半分）メスたちはオスは全く産まずメス21匹だけを産んだ（表6）．

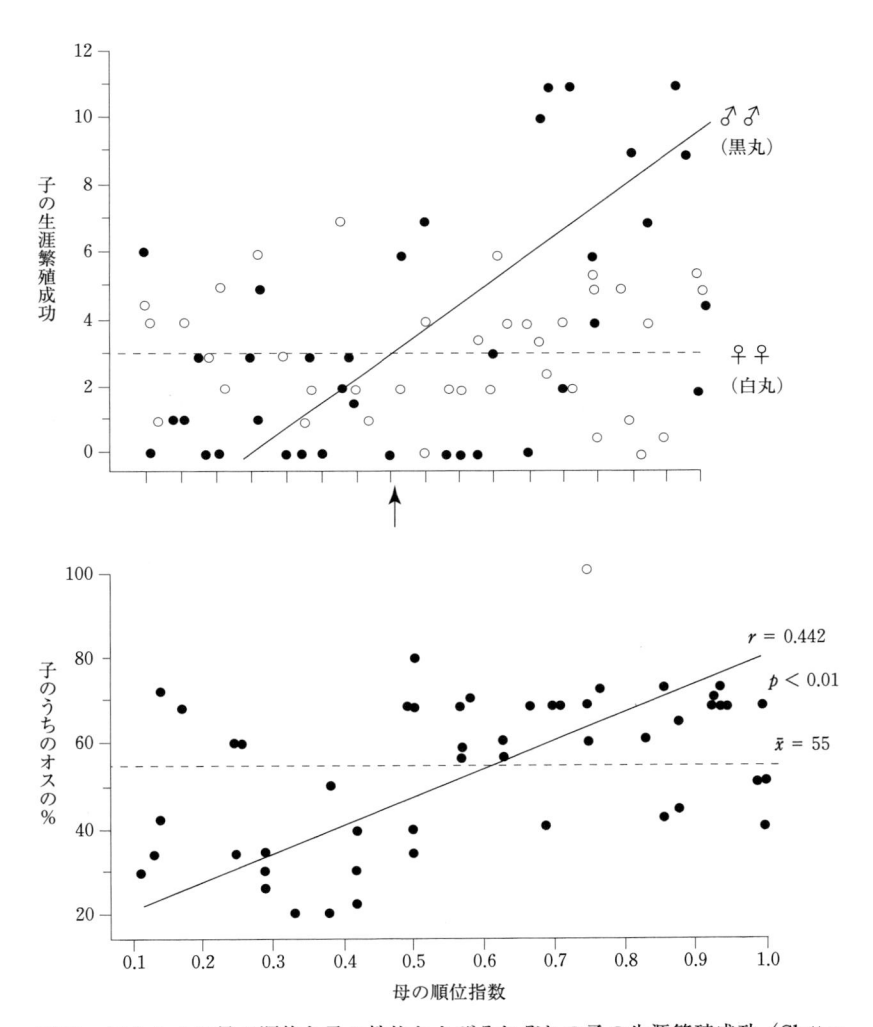

図56 アカシカの母の順位と子の性比およびそれぞれの子の生涯繁殖成功 (Clutton-Brock & Iason, 1986 と Clutton-Brock, Albon & Guiness, 1988 を合成).

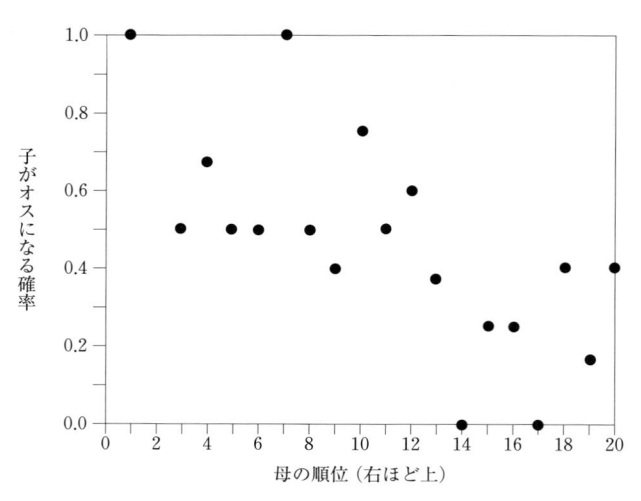

図57　キイロヒヒの母メスの順位とオスの子が生まれる割合（Altmann et al., 1988 の図——左ほど順位が高くなっている——を逆転させて描いたもの）．

アカシカと全く反対の例がキイロヒヒ（サバンナヒヒ）にみられる．Altmann ら が繁殖にかかわる社会行動の大きな論文集 Reproductive Success（Clutton-Brock 編，1988）にのせた 13 年にわたる研究の要約によると，図 57 のように母メスの順位が優位になるほどオスの子が生まれる率は減少する．本種は群れ生活者だが，オスの子は生まれた群れから出て分散し，メスの子は群れに残り，母の順位を受け継ぐ傾向がある．それゆえ高順位のメスは娘を産んだほうが孫数が増える可能性がある．著者らはこれがアカシカと逆の傾向が生じた原因だと考えているが，生理的機構は不明であった．

鳥にも多くの報告があるが，一夫一妻のつがいで繁殖する日本のヤマガラでメスはつがい相手の体サイズに応じて子の性を変える（オスのふしょ長と子のオス率に正の相関があり，大きなオスとつがったらオスの子を多く産む）ことが見いだされた（Yamaguchi et al., 2004）．大きなオスは設置した餌台の独占に勝利しやすく，また森林に設置した巣箱を占拠した率が高かった（この森には自然の樹洞がほとんどなくて，巣箱を占拠しないと繁殖できない状況だった）．巣箱を取ったオスは取れなかったオスより身体が大きかった．したがって大きなオスとつがったメスがオスを余計産むことは適応的で，局所的資源競争による性比決定の例と考えられる．

性比を変える生理的機構

　ランダムな性染色体の分割なら 0.5 であるべき性比が，受精・非受精で性が決まる単数・倍数性生物と違う倍数性動物でどうして変わるのだろう？

　鳥類について 4 つの仮説があげられている（山口典之，2003）．

(1) 望ましくない性の卵を産後に捨ててしまう―― egg damping 仮説（Emlen, 1997）

(2) 産卵前に望ましくない性の卵細胞もしくは受精卵を体内に再吸収する―― resorption 仮説（Oddie, 1998）

(3) 望ましくない性の卵胞への栄養投資を抑制し，発生を進ませない―― differential investment 仮説（Krackow, 1995）

(4) 卵原細胞の減数分裂時に，望ましい性染色体を卵母細胞に含ませる（もう一方の性染色体は極体に含まれ，消滅する）―― segregation distortion 仮説（Oddie, 1998）

　セーシェルヨシキリの性比変化を研究した Komdeur et al. (2002) はいくつもの仮説の複合が可能としながらも，(4)の可能性が高いとした［オスヘテロ型の哺乳類（オス XY，メス XX）と違いメスヘテロ型（オス ZZ，メス ZW）の鳥類ではメスが体内で子の性を受精前に調節できる例がある―― Oddie (1998) 参照］．しかしそれを実現する生理的機構は不明だし，どうやって卵や卵胞の性を親が知りうるかは全く不明である．

　状況は哺乳類でも同じだ．しかし胎児死亡率の性差，特にストレス時にオス胎児の死亡率が上がる可能性が注目される（人間では受精後ごく初期の性比は 0.56 でややオスが多いが，オス胚子の吸収や流産で生まれるときには約 0.5 に減るという）．これがあるならば，メスが性比を能動的に決められなくても，弱いメスは子のオス率が低下するだろう．しかし高順位のメスほど娘を高率で産む種もあったことを説明できない（長谷川眞理子，1996 は霊長類 9 種 14 個体群の性比の偏りを表にしているが，高順位の母がオスを生む種が 4 種，メスを生む種が 3 種だった）．数百匹のヌートリアを使った実験で，若メスはメスの子が多い小さな一腹子群（リター）を流産し，大きい一腹子群と小さいがオスが多い子群は残すが，これは乱婚性のヌートリアにとって適応的で，これを選択流産と呼ぼうといった人もあるが（Gosling, 1986），識別機構は何もわかっていない．性比変化の生理的・遺伝的機構の解明は今後の重要課題である．

第6章

鳥類の社会

6-1 鳥類の配偶関係

鳥は一夫一妻制

　有名なイギリスの鳥学者デヴィド・ラックによると，地球上の鳥約9000種のうち91％は一夫一妻で繁殖するという（Lack, 1968）．ここで一夫一妻とは，少なくとも一繁殖期間のあいだ，特定のオスとメスが結びついているということである．多くの鳥で，翌年も同じ組み合わせの雌雄が巣をつくることが知られているが，そうでなくとも，ある繁殖シーズン中一夫一妻であれば，動物社会学では一夫一妻といっている．これに対し，一繁殖期間中1羽のオスが複数のメスと一緒にすみ，それらのメスと交尾を行うのが一夫多妻，その逆が多夫一妻で，両方をあわせて複婚（polygyny）と呼んでいる．複婚とは，相手が複数いることで，交尾はほぼこの特定の組み合わせのなかでのみ起る．これに対し，多数のオス多数のメスが一緒にすんでいて，雌雄双方が複数の相手と交尾することを乱婚（promiscuity）という．ただし乱婚といっても，親子の交尾があったり，特定のオス，メス同士が仲良くなったりしないで全然でたらめに交尾が起こるというわけではない．まず母と息子との交尾はいかなる鳥・哺乳類の社会でもほとんど知られていない．また乱婚といっても，しばらくの間特定のオス・メスが仲良くしていてその間交尾の大部分がこの両者間で起こり，しだいに他の組み合わせに変わってゆく，というコンソート関係もある．

　鳥のなかで一夫一妻の種の率が高いのは樹上性の鳥，崖上などに巣をつくる鳥である．巨大な目であるスズメ目がその典型である．これに対しもともと地上で暮らすダチョウやキジ，ライチョウ類は一夫多妻または乱婚的な性関係をもつ．このグループでは，ひなは孵化直後から地上を歩き（あるいは泳ぎ）自分で餌を取る．これを早性ひな型（precocial）といい，親鳥はひなを適当な餌

場に連れ歩くだけなのでメス1羽でよい．これに対しスズメ目のほか捕食性のワシタカ目，ミズナギドリ目などではひなは自分で餌を取れない状況で孵化し，長期間親により給餌されねばならない．これを晩性ひな型（altricial）と呼ぶ．晩性ひな型における親による給餌の必要が，一夫一妻制を進化させたのだろう．クレブス・デイビス（1994）はスズメ目16種中11種でペアからオスを除去したところ巣立ちまで育ったひなの率が有意に低下した記録があると書いている．

　鳥の一夫一妻は，かつて一部に考えられたほど厳密なものでないことがわかってきた．年が変わると組み合わせが変わることもあるし，一夫一妻を基本としながら一夫多妻や多夫一妻がまじる例もある（山岸，1986によると北米のスズメ目57種中一夫一妻が規則的にみられる種は14種，例外的にしかみられぬ種は29種，のこり14種は中間だったという）．

　典型的な一夫一妻種さえ，ペアをつくっているオスやメスがペア相手以外の個体と交尾するペア外交尾（extrapair copulation, EPC）の観察例がどんどん増えつつある（かつてのオスの「浮気」中心の観点から，メスの積極性の認識にいたる変化は91ページに記した）．

　ペア外交尾や乱婚はなぜ起きるのか？　メスの立場からは，7つの可能性がある（中村，2002）．

　　（1）不足精子の供給
　　（2）優位のオスと交尾することによる社会的地位の獲得
　　（3）栄養補給（求愛給餌など）
　　（4）オスの子育て手伝い
　　（5）遺伝的多様性の保持（何匹ものオスの子をつくる）
　　（6）良い遺伝子の獲得——精子競争の激化を通じて
　　（7）オスによる攻撃の回避

中村（2002）は（1），（2），（3）は一部の種にしかみられず，（4）もつがい外オスである以上あまり多くなく（日本のイワヒバリなどで例はあるが），（5），（6）は今後の重要な調査対象だと考えているようだ．

　じつは，鳥からは離れるが，長谷川寿一（1992）は10年前に書かれた総説で，乱婚はメスにとっての交尾のコストへの対策であるとして，そのメリットを8つあげた．7つまでは上と同じで，このほかに（8）として子殺しへの対抗が入っている．長谷川によるとチンパンジーでは（6）（大精巣の獲得や交尾回数の増加）と（7）が，ニホンザルでは（6）（強いオスの遺伝子を子に伝え

る）が重要だと考えているようだ．

　一夫一妻を基本とする鳥における一夫多妻の発現とその要因の考察は，山岸編（1986）にのっている上田（セッカ）と斉藤（ムクドリ）の論文を参照されたい．なおこの本は20年前の出版だが，鳥の社会生物学への入門書として役立つ．

6-2　鳥のヘルパー

ヘルパーの発見

　すでに述べたように鳥の大部分は一夫一妻で繁殖する．この場合，普通，オス，メスともに抱卵，子への給餌，防衛を行うのだが，ひなが巣立つと間もなく，この家族は崩壊する（翌年同じ個体が再びつがいを形成することはもちろんあるし，同じ年に第2回，第3回の繁殖を行うこともあるが，巣立ったひなは親のもとには残らない）．メスだけが子を保護する一夫多妻の種や，ごく少ない一妻多夫の種においても，子が親元を離れる点は変わりない．

　ところが鳥のなかにも，真社会性昆虫のワーカーのように，他のつがいのひなの保育を手伝う個体——ヘルパー——がいる種がある（ヘルパーはいずれは自分で繁殖することが多い．したがって労働カストではなく，個体の繁殖戦略だが）．

　一夫一妻を原則とする鳥の種のなかに，自分の子を産まずに他の鳥の子育てを助ける個体がいるという事実は，戦前から少しずつ報告されていた．しかしこれがある種の鳥についてはけっして異常な出来事でなく，社会制度といえる域に達したものもあることを明らかにしたのは，アメリカの動物行動学者Brownが行ったアメリカのカケス類に関する広範な研究であった（Brown, 1987に詳しく紹介されている）．

　1978年，Brown自身によって包

表7　日本の鳥でヘルパーが発見された種（山岸，1984より）

ペリカン目	
カワウ	福田，未発表
ツル目	
バン	井田，1984
スズメ目	
ツバメ	上田，1979
カヤクグリ	松谷，1983
ヤブサメ	大原・山岸，1984
エナガ	中村，1975
ホオアカ	中村，未発表
スズメ	上田，1979
オナガ	細野，1983
カケス	田原，未発表

括適応度学説によるヘルパー進化の説明が試みられ，多くの動物行動学者がヘルパーに強い関心をもつようになった．Brown は 222 種の鳥にヘルパーが認められるとして，すべての種名を記載した．日本の例も 20 年前にすでに 10 種にのぼっている．ただしこのなかには通例とはいえぬものもあるようだ．日本で規則的にヘルパーがみられるのは，バン，エナガ，オナガ，カケスの 4 種だという（山岸哲氏の教示による）．

カケス類のヘルパー

Brown は北アメリカのカケス類の比較研究の結果，ヘルパー性の進化の図式を描くことができた（図 58）．それによると，一般の鳥同様，一夫一妻のつがいで縄張りをもち，その中の巣に卵を産み，夫婦で保育をする種はカリフォルニア産のアメリカカケス（scrub jay）である（発表当時の英名を使用した）．つがいは半永久的で，前年の夫婦が次の繁殖期にもまた一緒に営巣することが多いが，前年生まれた若鳥は縄張りから出てゆき，親を助けることはない．この生活から 2 つの道で家族形態の進化が進んだと想定される．その 1 つは「集合営巣」への道で，巣がしだいに近づき，まず採食場が共同となり，最後には数十〜数百つがいがごく近い場所で集団営巣するようになった．これがマツカケス（piñon jay）である．この集団中には前年の若鳥もいるが，手伝い行動はみられない．

もう 1 つの道がヘルパー制で，フロリダ産ヤブカケス（scrub jay in Florida）では一夫一妻制つがいの縄張り内に前年生まれの若鳥が生活するのが許され，これらの若鳥がひなに給餌する．ただしこの種ではヘルパーのいない巣も半分くらいあるし，ヘルパー数も 1 巣最大 3 羽くらいである．

ところがフサカケス（tufted jay）ではヘルパーがいることが通例となり（ヘルパー数も 10 羽を超えることがある），メキシコカケス（mexican jay）にいたっては，2 組ないしそれ以上のつがいが大きい縄張りを共同で防衛し，その中に 8 〜 20 羽ものヘルパーが共存しているのである．

ヘルパーの起源

これまでの発表によるとヘルパーは普通若鳥である．しかし繁殖ができないわけではなく，ちゃんと成熟している．生理的には繁殖が可能なのに繁殖しないで他の鳥のひなを養うのだから，これは利他行為である．Brown によると，

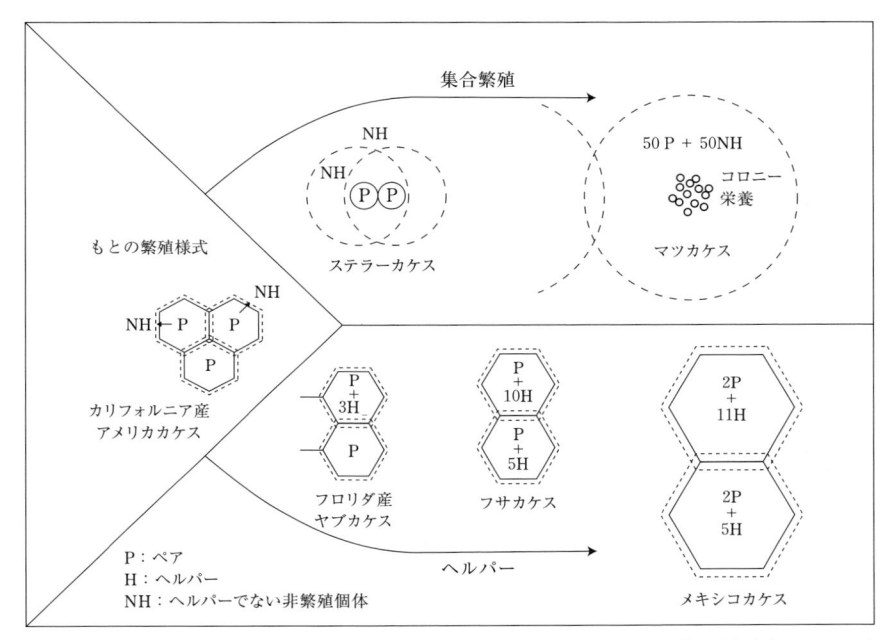

図58 アメリカにおけるカケス類の社会進化の推定された2経路．上は集合繁殖（coloniality）へのルートでマツカケスは50ぐらいのペアが同じくらいの数のノン・ヘルパーと一緒に暮らしている．下はヘルパー制度へのルートで（著者 Brown は communality と呼んだ）フロリダ産ヤブカケスとフサカケスは各ペアにヘルパーがついており，メキシコカケスでは2ペアが一緒に営巣し多くのヘルパーを伴う（Brown が何回も発表している図から描き直した）．

フロリダヤブカケスでは199羽のヘルパーのうち118羽（60％）が自分の両親を助け，49羽（25％）は片親を助け（両親の片方が死ぬなどして「連れ合い」が変わっていた），32羽（16％）が両親どちらも自分の親でない鳥を助けていた．同じような例は他のいろいろな鳥で見つかっている．すなわちヘルパーは多くの場合自分の兄弟を養っているのである．

このことからヘルパーの制度は包括適応度・血縁淘汰によって進化したと考える人がでるのは当然である．Brown (1978) と Emlen (1991) は，同時にこの立場からの研究を発表した．

若鳥が両親の巣につき，ヘルパーとして同父母兄弟を養っているとしよう．両親はヘルパーがいないと平均5羽のひなを育て上げられるが，ヘルパーがいると8羽のひなを育てられるとしよう（このような，ヘルパーがいることによる巣立ちひな数の増加は広く知られている）．またこの若鳥がヘルパーになら

ず，両親のもとを離れて独立営巣したら，育てられるひな数は平均 2 羽だとしよう（若い鳥は産卵数も少なく育て方も下手で，そうたくさんのひなを育てられないことが多い）．若鳥は本来 2 羽育てられるのにそれをやめてヘルパーになるのだから，利他行為による適応度の損失（コスト）は 2 羽である．一方親鳥は 5 羽育てるところを 8 羽育てられるのだから 3 羽多い．その差（利益）は 1 羽である．しかし包括適応度を考えるとどうだろう？

　ヘルパーが自分の子を産んだとき，自分と子との血縁度は 1/2 である．一方ヘルパーが養うひなは自分の弟妹だから，ヘルパーと弟妹との血縁度は 1/2 である．

ヘルパーになったときの包括適応度の増加分		自分で繁殖したときの包括適応度の減少分	
ヘルパーによる増分 × ヘルパーとそれが養うひなとの血縁度		利他行為による減少分 × ヘルパーとその子との血縁度	
(8 羽 − 5 羽) × 1/2	>	2 羽 × 1/2	

これを代入すると，上の囲みの中の不等式が満足できれば若鳥は利他行為で損をしてはいないことになり，ヘルパーの性質は進化できる．

　記号で書くと

$$Br > Cr$$

である（5 ページの包括適応度の説明に出てきた $B/C > 1/r$ は $Br > C$ とも書ける．ここで C に r がついていないのは自分に対する自分の血縁度は 1 だからである）．

　先の例では，上の式の左辺は 1.5 羽，右辺は 1 羽だから，不等式は満足されている．しかしヘルパーが助けるのがヘルパーの片親しかいないつがいだったとしたら，ヘルパーとその異父（または異母）兄弟の間の血縁度は 1/4 なので

$$(8 羽 − 5 羽) × 1/4 \quad < \quad 2 羽 × 1/2$$

と不等号が逆転し，損になってしまう．また若鳥でもひなを 4 羽育てられるとしたら，たとえ両親を助ける場合であっても自分で繁殖するより損になってしまう．またこの計算では，若鳥が巣をつくれた場合に何羽のひなを育てられる

かを問題にしている．実際には若鳥は縄張りや配偶者をもてず，巣をつくれないことも多いので，これも考えに入れると式（1）の右辺はもっと小さくなり，ヘルパーとなったほうが得という結果が増えるだろう．

Emlen & Wrege が長年行ってきたアフリカのサバンナにすむシロビタイハチクイ *Merops bullockoides* の研究は，とても詳しいヘルパーの研究である（Emlen, 1991：ヘルピングの進化に関する9つの仮説の理論的検討をした Emlen & Wrege, 1989 も参考になろう）．この鳥はサバンナで 100 羽以上が集団的に繁殖していて，集団内にはファミリークランという単位がある．これは1～5 の繁殖ペアを含むが，鳥の数はもっと多く，繁殖ペアと血縁関係にある非繁殖個体がヘルパーになる．どの繁殖ペアにも血縁のない個体もみられるが，これらは普通ヘルピングをしない．巣の失敗率はとても高く，自分のついた巣が失敗したヘルパーは他の巣につくので，繁殖季節が進むとヘルパー数は増す．ヘルパーが多いほど巣当たりの巣立ちひな数が多く，ヘルパーの役割は明らかである（図 59C）．理由はヘルパーが入ると給餌が増え，ひなが飢えないためで，他の多くの鳥と違って捕食者への防衛は重要でなかった．この鳥で血縁度とヘルパーになる確率および包括適応度を考慮したヘルピングの利得の関係を示したのが図 59 の B と A で，両親を助けているヘルパーが最も多い．

血縁淘汰以外のヘルパーの説明

しかしヘルパーが血縁の遠い繁殖個体を助けている例も少なくはない．図57 でも血縁度 0 のヘルパーもいる．日本のオナガやアメリカのメキシコカケスのヘルパーは基本的には両親を助けているが，1 羽のヘルパーが 2 つの巣に給仕する例がいくつも見つかっている（オナガでは 4 巣に現れた例もある：山岸, 1986）．アフリカのミドリモリヤツガシラではヘルパーとそれから育てる子の平均血縁度は 0.29～0.35 だったが 'unrelated' な繁殖者を助けていた例もヘルパー総数中 10 ％近くあった（Ligon & Ligon, 1990）．

ヘルパーになることのヘルパー自身の利益として Emlen (1991) およびクレブス・デイビス（1994 の第 10 章）は次の 4 つをあげた．
(1) 生存率上昇——捕食への防衛などでヘルパー自身の生存率も上昇する
(2) ヘルピングが縄張り内に地位を得させ，次の繁殖期に繁殖者になれる
(3) 繁殖者になったとき育てる子の数を増す（繁殖場所の獲得，ヘルパーを受入れやすくする社会的経験など）

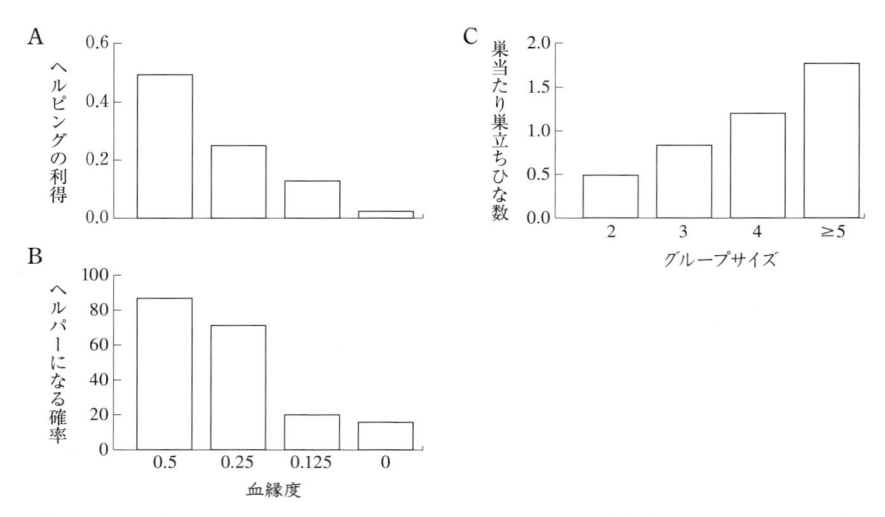

図59 シロビタイハチクイ *Merops bullockoides* のヘルパーの血縁度とヘルパーになる確率（B），ヘルパーがその行為で受ける利得（A），および子育て集団のグループサイズ（C：これマイナス2がヘルパー数と考えてよい）と巣当たりの巣立ちひな数（Emlenのいくつかの図から作成）．

（4）自分の子でない血縁者の適応度を上げる

（1）～（3）はヘルパーにとって直接的利益であり，（4）は血縁淘汰上の間接利益である．これは血縁者を助けなければ実現しない．

非血縁者を助ける行為は上のうち特に（2），（3）にかかわっていると思われる．哺乳類の例だが，アヌビスヒヒなどで高順位メスの子への世話を通じて自らの順位を上げたと思われる例があるようだ（三浦，1998参照）．繁殖縄張りを得ることがすごく困難な環境下では若い個体が独立繁殖のための縄張りを得ることは不可能に近い．このとき若い個体は縄張りをもつつがいについてそこで働くことにより，縄張り所有個体が死んだとき，それを引き継げる．働かなかったら縄張り所有者に追い払われるだろうが，働くことにより，助ける相手が弟妹なら包括適応度（上の4）を得，そうでなくても縄張り内への定着が許される．ヘルパーの率が特に高い鳥はサバンナなど巣作り場所の少ない環境にすむものが多い．

また，マングースではヘルパーはついた巣のメスと交尾でき，DNAで調べたところ育てていた子の25％がヘルパーの子だったというデータもある

(三浦，1998による）．上の4つに（5）として自分の子の混入もあげたらよいかもしれない．

6-3　鳥の兄弟殺し

アマサギの兄弟殺し

　当時大阪市立大学大学院生だった藤岡正博は，1985年にサギの1種のアマサギの集団繁殖地において，ひな間に殺しあい（兄弟殺し）があることを報告した．

　アマサギのメスは平均4.3個の卵を1個ずつ2日以上の間隔をおいて産む．そして初卵は産下と同時に抱卵されるので孵化も何日にもわたる（平均6.3日）．これは毎日産卵し，しかもある程度卵を産んでから抱卵を開始するのでひながほぼ一斉に孵化する他の鳥と違っている（最後の1卵以外は一斉に孵化し，最後の1卵が翌日孵化する種が多いという）．したがってひな間には大きさの差があり，親鳥に餌を求める行動にも差があって，せりあいの結果，3回に2回は年長のひなが餌を取ってしまう．

　ひなが大きくなると，ひな間に闘争が起こる．最初はくちばしでつつく程度だが，最年長のひなの齢が20日くらいになると年長のひなが弟か妹のからだをくわえて引っぱったり，巣のすみに押しつけたり，飛びのったり，ときには巣から突き落とすようになる．その回数も多い場合は1日30回にもおよんだ．こうして35巣のうちひなが4羽ないし5羽だった2巣で一番あとで生まれたひなが殺されるのが確認され，さらに相当数が消失（巣から突き落とされた可能性が高い）または餓死した．たとえば，1982年のひな数4羽の巣（17巣）でのひなの孵化順と生存率は，1番90.9％，2番90.9％，3番91.7％，4番70.0％であった．そしてひなの間の闘争のとき，もし親が巣にいても，全く知らん顔をしていたという（同じことがアメリカのアマサギでも観察されている）．

　藤岡はこの兄弟殺しが本種の卵の非同時孵化と関連していると考え，産卵日のわかった卵を巣間で交換することによって同時に孵化させる実験を行った．

　その結果は，（1）同時に孵化したひなたちは非同時孵化の対照区の最年長ひなと同じくらい良く成長し，（2）これは同時孵化区の親が初期に対照区の親より余計餌をもってくることにより，（3）これと関連し，飢えは同時孵化区のほうが起こっていない，また（4）同時孵化区でもひな間には順位が形成され，非同時孵化区より多くの闘争があり，最劣位のひなは殺され，最後に（5）同

時孵化区のほうが親当たりの平均巣立ちひな数は少なかった，ということであった．

　Lack (1968) はいくつかの鳥にみられる非同時孵化は餌条件が変化しやすい環境において，ひな数を餌条件に合わせるための適応であると考えた．しかし上の結果は，親鳥は実際にはもっと余計の餌をもってこられるのに，将来の繁殖という観点から，給餌をひかえていることを示唆している（1 巣 1 卵の鳥で卵を 2 個にしたところ，親は 2 羽とも育てられたが，過酷な労働によってかその親の翌年までの生存率は対照区より低かったという報告がある）．むしろ親にとって，非同時孵化は餌条件が悪いときに最劣位のひなへの投資があまり多くならないうちにこれを失わせ（非同時孵化区では最後のひなが若齢のうち飢えて死ぬことが多く，同時孵化区ではそれ以後の闘争で死ぬことが多かった），餌条件が良いときはすべてを巣立たせることができる点で有利であり，これが非同時孵化の進化の原因だと考えられる[8]．

　これらのことから，兄弟殺しが個体数調節のために進化したという「種の繁栄」の観点は正しくないことがわかるであろう．これにより餌条件の変動に比べて巣立ちひな数の変動が小さく保持できたとしても，それは「結果」であって進化の「原因」ではない．

イヌワシの兄弟殺し

　同じような兄弟殺しは日本のイヌワシにもみられる．50 歳を超えてからイヌワシの観察に魅せられ，10 年間兵庫・岡山の断崖を昇り下りし，木に登り，たくさんの観察記録を残しながら亡くなった重田芳夫という人の記録によると，イヌワシは普通 2 個卵を産み，卵は 2〜3 日ずれて孵化する．最初に孵化したひなは別のひなが孵化するとそれを猛烈に攻撃し，その結果弟か妹かはたいがい殺されてしまい，結局 1 羽だけが親の給餌を独占して育つという（『ポピュラーサイエンス』2 号の中雄一氏の紹介による）．

　イヌワシの兄弟殺しは外国でも 1950 年代から報告されている．またワシタカ目には，アシナガワシなど，ほかにも 2 卵を産んで両方孵化しながら 1 羽しか育たない種が少なくない．アフリカのクロコシジロワシでは 2 卵生まれた巣のうちたった 1 巣しか 2 羽の子が育った例がなかった．O'Connor (1978) はひなたちが攻撃しあいそのどれかが死ぬ現象が報告されている鳥を 21 種あげたが，その大部分（16 種）は 1 回に 2 卵産む鳥で，そのうちワシタカ目が 8 割

を占めた．そのほかは魚を食う鳥が多い．

　大型肉食鳥は餌の確保が困難だと想像される．彼らはおそらくつねに飢餓の危険にさらされているであろう．したがって本来は1羽のひなを手厚く保護するほうがよい．実際彼らは子の巣立ち後さえ長期にわたって親が給餌する（4～5か月）．しかし1卵の場合は無精卵のおそれもある（クロコシジロワシでは5%）．2卵産んで1羽だけが育つということは，先に生まれた子が餌の獲得量を2倍にできるわけだが，親にとっても安全な方策である（第2卵保険説という）．イヌワシでも親はひな間の闘争に干渉しない．しかもアフリカのクロコシジロワシの場合，第1卵は第2卵より有意に大きいという（反対の現象がペンギンチョウで知られているが原因はわからない）．

　鳥の子殺しについては藤岡（1992）を参照されたい．また霊長類については第8章に別に書く．

---

8) 兄または姉が殺すのは弟または妹だから，ここでも包括適応度を考える必要がある．アマサギでは産卵の途中から，つがい外交尾（メスの「浮気」）がよく起こるので，早く孵化した兄姉と最後の子の血縁度が0.5以下である可能性があり，これは殺す側にとって兄弟殺しの利益を増すであろう．ただし母親にとってはどの子も血縁度0.5である．

第7章

哺乳類の社会

7-1 社会制度のよく知られた霊長類以外の哺乳類

一夫一妻が稀な哺乳類

　鳥の大部分が一夫一妻であるのと対照的に，哺乳類の大部分は乱婚ないし一夫多妻である．Kleiman (1977) は，一夫一妻は5％以下だといっている．しかし，彼の一夫一妻のカテゴリーのなかには，むしろ孤独性というべき種（オスは交尾前のわずかな期間メスと行動を共にして，交尾後はメスのもとを去り，メスは単独で出産する）や，きわめて密度が低いため，本来多妻だったかもしれないのにそのような関係が実現されない種も含まれている．（哺乳類の大部分の科の社会構造がE. O. ウィルソンの『社会生物学』に出ている．ただしデータは1974年までである．）

　哺乳類で，密度がけっして低くないのに常時一夫一妻である種はテナガザル類をはじめ，原猿類，ビーバーや一部のげっ歯目，イヌ科の大部分，たぶんネコ上科のマングースの仲間の一部，カモシカ，それにごく一部の有蹄類などわずかである．特に，鳥のサギやウミネコが密集して営巣しながらもほぼ一夫一妻の結合を守って両親で子を保護しているように，群れ生活をしながら，その中に一夫一妻家族のまとまりを保持している哺乳類は，不確かなデータによってもせいぜいオオカミ，コヨーテ，ことによるとミーアキャット（マングースに近い）など，草原ないし砂漠にすむ食肉目のみである．

　哺乳類に一夫一妻が少ない原因は，71ページで述べた雌雄間の子への投資量の差で，いっそうよく説明できるだろう．哺乳類の受精から出産までの期間は鳥よりもはるかに長く，しかもその後長期間授乳を行うのだが，もちろんこれはメスしかできない．したがって短くて1〜2か月，長いと1年以上，メスは子にしばりつけられるが，オスはこの期間にメスと交尾を繰り返すことで自

分の遺伝子を広げることができる．また授乳という生活は，鳥の給餌と比べればずっと安全で，オスなしでもなんとか生存することができよう．実際にオスが子に給餌する哺乳類は食肉目以外ほとんどない（南米の一夫一妻の食虫性のサルにはみられるがどの程度広がっているか不明）．

なぜ一夫一妻制の哺乳類はいるのか？

それゆえ問題はむしろ，なぜ哺乳類のなかに一夫一妻もあるか，である．しかしこの問いへの十分な回答はまだない．

私は1959年に出版した『比較生態学』初版以来，樹上の生活という，子にとって餌の得にくい環境への進出が，集中的な子の保護を必要とし，これが，樹上性の鳥におけると同様に，一夫一妻制の成立をうながしたという仮説を唱えてきた（『比較生態学・第2版』第6章参照）．

霊長目については後述するとして，食虫目のなかで唯一の基本的に一夫一妻だと考えられる種であるソレノドン（モグラの仲間だがネズミのような暮らしをする）は，ハイチの密林にすむ．一方，げっ歯目で一夫一妻の種はバッタネズミ（2種，オーストラリアの砂漠），ゼブラネズミ（アフリカの乾燥地）など，ビーバーを除けば全種が砂漠，半砂漠の種である．他方，砂漠にはクロオプレーリードッグや多くのジリス類のように大きな群れをつくる種もある．砂漠というきびしい環境（餌が得にくいという点が樹上と共通）が，一方では一夫一妻による子の保護を，他方ではよく統合された大きな群れ（139ページのハダカモグラネズミではカスト制に似た内部構造さえ生じた）を生み出したということは興味深い．

ひれ脚目（オットセイ，トドの仲間）は一部のオスだけが多数のメスと独占的に交尾する，ハレムのシステムによって有名である．ところがこの仲間のなかにさえ，一夫一妻種と推定されるものがある．それはゴマフアザラシとハイイロアザラシの氷上で繁殖する系統（海岸の地上で繁殖する系統はもちろんハレム型である），および南極で繁殖するカニクイアザラシである．これもきびしい環境，餌の手に入りにくい環境こそ一夫一妻を強めるのだという考えを支持するように思える．

私の説の1つの難点は，鳥と違って哺乳類ではオスが子のために餌を持ち帰る必要が必ずしもないということである．これがない場合は，たとえ餌の手に入りにくい環境でも，子に責任をもつのはメスだけになってしまい一夫一妻の

必要はない．ただ最近の研究ではテナガザルのオスは縄張り防衛を行い，特にメスが子を抱いているときは防衛の大部分を行うらしい．一夫一妻の砂漠産のネズミや氷上のアザラシはオスも給餌するとか，前者の場合，メスが採餌中巣を防衛するのかもしれない．さらに南米の昆虫を食うサルであるタマリンの類は防衛のほか，オスが虫を取って子供（サルのなかでは例外的に1産2仔である）に与えることもあるという．キツネなど肉食類の一夫一妻は，子が自ら狩りができるようになるまではオス親も巣へ餌を運ぶのでよく説明できる．

しかし上に述べた一夫一妻種はどれも群れをなしていない．サルでも群れをなす種は乱婚的である．ところがどうも，食肉目のなかだけに何匹ものオスとメスを含む群れをなしていながら，その中に一夫一妻家族の結合を維持しているものがあるという．今後の研究の大きな課題である．

以下には哺乳類の特に大きなグループの社会構造を，最近の発見に重点をおいて説明しよう．

有蹄類の社会

奇蹄目（ウマ，バク，サイ），偶蹄目（イノシシ，カバ，ラクダ，ウシ）および長鼻目（ゾウ）に属する大型植食動物を便宜上有蹄類と呼ぶことにしよう．

有蹄類の大部分は集団をなして暮らす．孤独性のものは密林の内部にすむマメレイヨウ（ダイカー），マメジカ，バクなどだけである．そして有蹄類のメスを含む集団は，普通その中に順位制があり，順位の高い個体が集団の移動方向を決めるなど，集団の行動を左右しているところの組織化された集団である．このような集団を特に「群れ」と呼ぶことにする．

全般的にいうと，疎林にすむものは中型の群れをつくり，草原やツンドラにすむものは大型の群れをつくる．しかし高山や極度にやせた砂漠性山岳にすむものは，そこには木はないのだが，大きい群れはあまりつくらない．私は1959年の『比較生態学』以来，「森林が孤独ないし小集団の生活を，草原が群れ生活を進化させた」と主張してきた．この考えはいまも変わらない．たとえばシカ科では熱帯降雨林中にすむキョンは孤独性，疎林にすむアカシカやクロオジカは中型の群れ，ツンドラにすむアメリカトナカイは数百匹からなる大型の群れをつくる．同じクロオジカでも生息地の木がまばらなほど大きい群れをつくる傾向がある．また孤独性のレイヨウはすべて森林にすむが，群れをつくるレイヨウはほとんどすべて草原，疎林ないし林縁部にすむ（草原にすんで

群れをつくらぬ種はあるが，深い森林内で大きな群れをつくる哺乳類は——ピグミーチンパンジー（ボノボ）をおそらく唯一の例外として——ない．一方，山岳と極地は草原よりは樹上生活と似た特徴を示す．

　こうした違いが生じた原因はなんだろう？　まず草原では，餌は連続して大量に分布していて，多数が集合して摂食することに支障がない．他方，捕食者からの逃避は隠れるという方法で行うことができず，むしろ集団をなしたほうが有利である．一方，森林では，捕食者からの逃避には隠れることのほうが適していて，それには孤独性，保護色，夜行性などの性質が合っている．また構成樹種のきわめて多い熱帯から暖温帯にかけての森林では餌は草原のように連続的に分布していない．こうした環境の差，つまり餌の手に入りやすさと捕食者に対し隠れ場所がないことが，草原の大型植食動物の間に集団をつくる性質を進化させたのだろう．草原でも，隠れることのできる小型植食動物（ネズミなど）は孤独性である．高山にすむ有蹄類（ヤマヒツジなど）が大群をつくらないのも，餌がごくまばらに分布することと，天敵の危険が草原ほどは大きくないことによるのだろう．

　有蹄類の群れの内部構造には2種類があるようだ．その1つは母系制の群れを基本とするグループであり，他方は群れの中に一夫多妻のハレムを維持する（または一時的につくる）グループである．前者においては，ある程度成長したオスは群れを出てオスグループをつくるか単独で暮らし，交尾期にのみ群れに加わる（オスグループにはリーダーが認められないことが多い）．このグループでは交尾は乱婚的に起こるのだろう．もちろん成熟の進んだオスが早く群れに入り込み，あとからきた若オスを追い出すことはあり得るが，前者が自分の交尾相手の子と一緒に暮らすことはない．発情期間中，メスグループにつれそうオスの交代も少なくない．

　シカやヤマヒツジは一般にメスグループがあり，オスは発情期にのみ群れにきて交尾するので，この第1グループに属する（図60）．レイヨウの仲間のインパラやギャゼルは，メスと若いオスまで含む幼獣が群れをつくっていて，成オスは単独でいるというから，このグループに入るのであろう．

　こうした母系制社会の頂点にあるのが，アフリカゾウの社会である．アフリカゾウは10〜20匹くらいの成メスと，その子からなる群れをつくっていて，その中には祖母，母，娘，孫と何世代ものメスが共存している．群れを指揮するリーダーは最年長のメスで，捕食者が来たときこれと正面から立ち向かう

図60　アメリカヤマヒツジのオス・グループの行進．最も巨大な角をもつ個体が先頭となり，あとは角の大きい順に続く（伊藤『比較生態学・第2版』より）．

のもこのメスである（この点，ワーカーが防衛する真社会性昆虫とは異なる）．一方オスは，ある程度成長すると群れから離れ，母系集団に比べるとずっとルーズなオスグループに入る（図61）．そして群れの中のメスが発情するとオスがやってきて交尾する．だから，群れの中ではつねに数匹のメスが子を産んでいる．そして，この群れの中で，子ゾウは乳が出ているどのメスからも授乳される（世話はされるが授乳はされないという報告もあるが）．母系集団は大きくなりすぎると分裂する．ちょうど多女王制のハチの巣分かれのように，何匹かの年齢の違うメスが組となって群れを出るのだという．

　群れ生活のもう1つの型は，群れ生活と家族生活を重ね合わせたものである．たとえばアフリカのウシレイヨウはいつも大きな集団をつくって暮らしている．大移動のさいには集団のサイズは数百匹となる．ところが，繁殖期にはオスはこの集団の中に求愛・交尾のための縄張りをつくる．この縄張りは他のオスに対して防衛されるが，メスと子のグループは通過でき，縄張りを占有するオスはやってきたメスをつかまえて交尾する．縄張りをもてないオスはほとんど交尾できない．群れの移動中には，この交尾縄張りもゆっくりと移動してゆく．

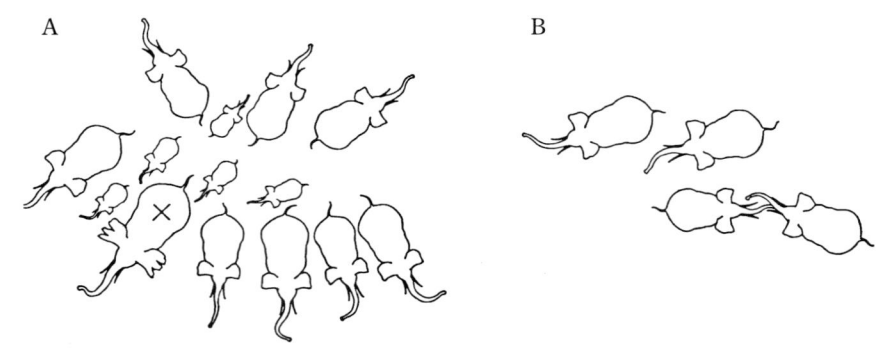

図61 アフリカゾウの社会．Aは母系の群れ．耳の切れた老メス（×印）が群れのリーダーである．Bはルーズなオスの集団（伊藤『比較生態学・第2版』より）

ネコ上科の社会――ライオン，マングースなど

　食肉目は孤独性と一夫一妻のつがいをつくる種が大部分である．しかしつがいにヘルパーがつく種は少なくなく，協同繁殖するグループをもつ種もある．以下にそうした新しい知見を中心にネコ上科とイヌ上科にわけて紹介しよう（食肉目のヘルパーについては池田，1985と三浦，1998を参照）．

　ネコ上科ネコ科は特に孤独性が強く，大部分は孤独性である．そのなかでライオンは，集団生活をする唯一のネコといってよい．ライオンの生活をひと口でいうことは難しい．メスと子を中心としたメスグループへのオスの寄生という見方もできる．なぜなら群れの中にいるオスはめったに狩りをしないで，メスたちの殺した獲物を食うからである．しかしオスはメスを追っ払ってこの肉を先に食うのだから，「寄生」ではなく「支配」ともいえよう．ただしオスも子供と遊んでやったりはするそうである．

　メスたちとその子たちを基本としたグループは「プライド」と呼ばれ，数匹～数十匹からなり，何世代も続いて同じ縄張りを守る．成メスは3～十数匹である．オスがいなくともプライドは保持される．プライド内のメスたちは親子・姉妹である．縄張りの面積は50～100km^{2}にもおよぶ（種子島くらいもある）．オスは3歳くらいになるとこの母系社会から追い出され，普通2匹で組をつくって放浪する．そして，オスがついていないプライドに入り込んだり，年老いたプライドつきのオスと闘って追い出し，そのプライドに入り込んだりする（このとき起こる「子殺し」については145ページをみよ）．プライドの

図62 セレンゲティのマサイ・プライドと呼ばれた一群のライオンの一部が水を飲んでいる．2匹のプライドつきのオス，数匹の成メス，それより若い個体がみられる（Schaller, 1973の写真から描く）．

縄張りはオスがいようがいまいが防衛され，入り込めるオスは，それに先立つ期間にだんだんとプライドのメスたちと親和的になってきた個体に限られる．普通プライドに加入するオスは2匹である（前記の2匹で放浪していたオス——だぶん兄弟——がそのまま入り込むことが多い）．他のプライドのメスがやってきて加入することはない（図62）．

プライド中の成メスは，普通一斉に子を産む．フェロモンによって発情が調整されるのだろうといわれている．この子たちはプライドの成メスすべてによって共同で授乳される．狩りに出た母親に代わって，残ったメスが乳をやるのである．

狩りは普通メスだけで協同で行われる．獲物が倒されると，まずオスが食べ，ついでメスと子供が食べる．そしてプライドづきのオスが，プライド内のすべての発情メスと交尾する．交尾は昼夜を分かたず，何日にもわたって1オス当たり何百回ないしそれ以上も行われるという（Schaller, 1973を参照）．

1匹当たり獲られる獲物の数が単独の場合より共同の場合（特に2匹）のほ

第7章 哺乳類の社会 ● 135

うが多いので，ネコ科中ライオンだけがもつ共同で狩りをする性質は適応度を高めることにより進化したといわれてきた．しかし，データの再検討によるとその効果ははっきりしないという人もある．また実際の狩りはもっとずっと多くの個体によって行われる．むしろライオンの娘にとって独立することはさまざまな危険があり，たとえ個体当たり餌量が増えなくても包括適応度を考えると娘が群れに残ったほうが母たちにとってもよいのかもしれない．ただ子連れメスが1匹だけで暮らしていると，狩りの間に子がブチハイエナやヒョウに食われることが多いが，何匹もメスがいるプライドでは，この捕食率が減るであろう（オスも子の安全という点では役に立っているかもしれない）．結局いくつかの要因が組み合わさってライオンを群れ生活へと進化させたのであろう．

　ネコ上科のハイエナ科にはシマハイエナのように孤独性の種もあるがブチハイエナとカッショクハイエナは群れで暮らしている．ブチハイエナは，イヌ科のオオカミやリカオンほどではないが群れ生活をする．群れは10〜60匹からなり，複数のオス，複数のメスおよび子供がいるが，体格の大きいメスがリーダーになる（ネコ科動物は母系社会で，ブチハイエナはこの点だけはネコに近い）．群れ（パックという）には縄張りがあり，その中で共同で狩りをし，餌を分けあう．

　カラハリ砂漠のカッショクハイエナにはヘルパーが知られている．本種は成体1〜2匹とその子たちからなる小さなパックをつくって暮らすが，ブチハイエナのように共同で狩りをすることはなく，各個体が単独で採餌する．しかしパックのメンバーは共同の縄張りを守り，大きな死体を見つけたときは共同で食べ，子供を共同保育する．普通は優位なメス1匹だけが子を産むのだが，その子供に劣位なメスも食物を与える．また劣位メスの繁殖もときどき起こるが，そのときはこのメスが他のメスの子へも授乳する．母以外の個体（オス・若メスも含む）による給餌は79％にものぼり，その半分以上は成メスによるものだった．成メスはパックで生まれ育った個体なので彼女が世話をしているのは甥，姪，いとこである．一方，オスは移入してくることもあるので血縁度はもっと低い．子の世話をしているのは子と多少血縁のあるオスのみで，その率も低かった（Emlen, 1991参照）．

イヌ科の社会構造

イヌ上科にはイヌ科，クマ科，アライグマ科，イタチ科があるが，このうちイヌ科は大部分が一夫一妻で，同時にヘルパーをもっている．たとえばアカギツネは一夫一妻だがしばしば若年の子が親を助ける．一般に哺乳類では成体のからだが大きい種ほど1腹の子の数は少ない．ところがイヌ科ではからだの大きい種ほどこの数が多い（最大はオオカミ）．これは発達した群れ生活と結びついたものであろう．以下には集団性のイヌ科の生活について述べる．

リカオンはアフリカのサバンナにすむ集団性のイヌ科動物である．本種がオスをリーダーとする多雄多雌群（パック）をつくり，共同で狩りをすることは，バン・ラービックとグドールの『罪なき殺し屋たち』（平凡社）などにも書かれているが，アメリカのMalcolm & Marten (1982) はこのパックにヘルパーがいることを確かめた．彼らは5つのパックを調べ，そのうちA群は3年，B群は7年のあいだをおいて2年分のデータがある（このあいだに構成は変動するのでサンプルサイズは8群と考えてよい）．その構成は総数10～20匹，そのうち成熟個体は3～8匹，成メスが1～2匹で，1年仔（ワカモノ）が0～7匹いた．狩りは2～6歳の個体が行い，オスのリーダーが普通最初に獲物に飛びかかるが，それについで狩りに参加した個体すべてが飛びかかり，大型のウシレイヨウさえ倒してしまう．そして最初に餌を食べるのは，ライオンと反対に1年仔と子をもったメスである．またリーダーオスは他の個体よりも頻繁にハイエナのような敵を追い払った．

子をもったメスは1パックに1匹のことが多く，これの交尾相手はリーダーオスと思われる．2匹のメスが子をもっていたケースもあったが，だいたい順位の高いメス以外は繁殖できないようである．

狩りのあと，子をもっていない成体と1歳の若者が赤ん坊に吐き戻しで餌を与える．小さな肉塊を与えることもある．群れの中の月齢18か月以上の個体数から2匹（赤ん坊の両親，赤ん坊をもったメスが2匹いるときは父親が異なる可能性も考えて4匹）を引いた数をヘルパー数とし，これと1歳まで生存した子の数との関係をみると，図63のように，有意ではないが，ヘルパーが増えると生存数が増える傾向がみられた．

リカオンと違って，セグロジャッカルとジャッカルは典型的な一夫一妻制社会である．すなわち一夫一妻のつがいがその数匹の子供たちと一緒にすみ，共同で狩りをし，年長の子供はヘルパーとして赤ん坊や授乳中の母親に吐き戻し

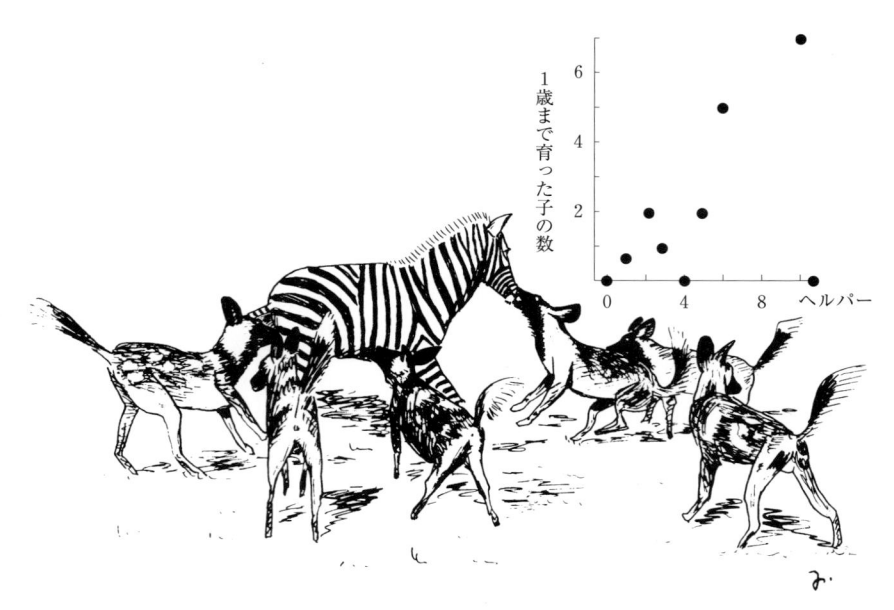

図63 リカオンの群れにいるヘルパーの数と育った子の数の関係（Malcolm & Marten, 1982 よりつくる）．

の餌を与える．アメリカの女流動物学者 Moehlman (1979 など) は何年もアフリカの原野で暮らして両種の生活を明らかにした．それによると両種とも子は 10〜11 か月で成熟するがその後セグロでは 24 %，ジャッカルでは 70 % もが親のもとに残り，半年くらいヘルパーをする．そしてヘルパーがいるほうが子の生存率が高く，セグロの場合はヘルパーの数に比例していた（図64）．ヘルパーは親たちから内分泌的抑制を受けているようである．

オオカミのパックは一夫一妻の結合を中心とし，数年間に生まれた両性の子供たちを含む 5〜20 匹くらいの集団である．パックは一つがいによって創始され，創始者のオスがリーダーとなる．彼らは，言い伝え通り，大きい獲物をリレー式に追う（リカオンではこの行動は確認されていない）．倒した餌は普通その場の，群れの全個体によって食われるが，妊婦や赤ん坊をもつ母が巣に残っていると，オスも含め多くの個体が獲物の肉を口にくわえて持ち帰って与える．子供に肉を与えたり吐き戻しをするのもパックの全個体である．

オオカミのパックは大きくなると何頭もの成熟したオス，メスを含む．それにもかかわらずパックの中で一夫一妻の結合が保たれているといわれる（ウィ

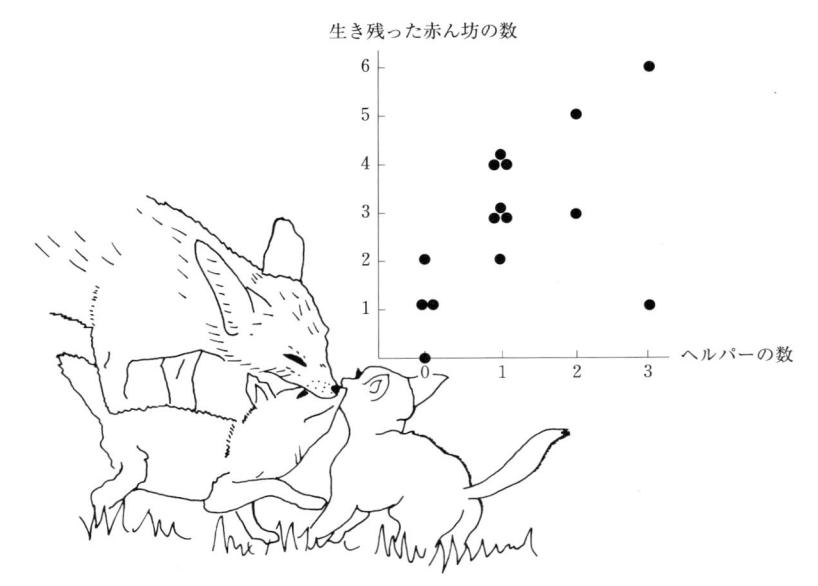

図64 セグロジャッカルの一夫一妻家族におけるヘルパー（先に生まれ，家族に残った兄姉たち）の個体数と，家族当たり離乳まで生き残った赤ん坊の数．左はヘルパーが赤ん坊に吐き戻しで食物を与えているところ（Moehlman, 1979 の表と彼女撮影の写真から描く）．

ルソン『社会生物学』）．パックの中で同時に2匹のメスが子を産んだ例もあり，これを報じたムーリー（Murie）は「2組のつがいがうんだ10頭の子供」（奥崎政美訳『マッキンレー山のオオカミ，上』94ページ，思索社）と書いているが，はたして2組のつがいが存在したかどうかの絶対的証拠はない．そもそも創始者夫婦以外はすべて血縁関係にある可能性が強い．原則としては創始者夫婦に年長の子がヘルパーとしてついた集団なのではなかろうか？

7-2 哺乳類における真社会性——ハダカモグラネズミの社会

　鳥と哺乳類の社会にも，昆虫の真社会性と似た現象，すなわちヘルパーの存在が知られていること，しかしヘルパーは「カスト」とはいいがたいことはすでに述べた．一方，哺乳類にも真社会性がある．
　これはケープタウンの婦人科学者 J. U. M. Jarvis が東アフリカのハダカモグラネズミ（*Heterocephalus glaber*：ハダカデバネズミともいう）で見いだした

図65　真社会性だと報告されたハダカモグラネズミ．

ものである（Jarvis, 1981）．ハダカモグラネズミというのは，からだにまるで毛がない，気持ちの悪いげっ歯類で，東アフリカの砂漠地帯に穴を掘って地中生活をしている（図65）．ケニアで掘り出したあるコロニーは24匹のオスと16匹のメスからなっていた．これらの個体にマークをつけ，ガラスで地下の一部をみえるようにした飼育器で観察した結果，1匹のメスだけが繁殖していることがわかったのである．Jarvisの原著にはこのほか「良く働く個体」（大型）と「働かない個体」（小型）がいるとあるが，その後後者も働くことがわかった．小型個体だけでなく，大型個体もメスは1匹を除いて全く繁殖せず，卵巣発育も不十分だったが，両グループのオスは精子を普通にもっていた．Jarvisがとった繁殖メスは事故でコロニーから逃げてしまったが，他の巣でとった繁殖中のメスを導入したところ，それ以後1年に12匹も子をつくり，100日間にこのメスの体重が他のメスよりよく増加したという．興味あるのは，大型の非繁殖メス中にJarvisがベータと呼んだメスがいたことである．この個体は何回か膣が開孔し，乳頭がふくらんでいたが，繁殖はせず，よく繁殖メスを攻撃していた．繁殖メス交替のきざしともみえるが，残念ながらこのメスも逃げてしまった．

　その後これまでに，アメリカの学者たちも参加して53ものコロニーが採集され，実験室内で調査されたが，そのうち最大の300匹もいるコロニーを含め，どのコロニーにも1匹しか繁殖メスはいなかった．しかしオスの繁殖はこれほどは制限されてなく，1コロニーで3匹繁殖していた例もあった（とはいえ10匹以上に1匹の割合である）．子供の保育を一番よくするのはメス1，オス1

〜3の上記繁殖個体だが，非繁殖個体（特に小型のもの）も子供のからだをなめたり，餌を運んで来たりした．

　本種は完全地中性で，地下に数ヘクタールもの坑道群を掘って暮らしているが，坑道掘りはおもに大型の非繁殖個体がし，小型個体は坑道内の根を除去したりする．

　繁殖メスをとると，大型のメス間には激しい争いが起こり，1匹だけが繁殖者になれる．それまでに争いで死ぬ個体もいる．繁殖オスが死んでも大型オス間に争いが起こり，1〜3匹が繁殖オスの地位を得る．このさい繁殖者になれなかった個体も，隔離飼育すると繁殖しはじめるので，これらの個体は生理的には繁殖可能なのにそれをせずにワーカーになっているわけで，ハダカモグラネズミは真社会性だといえる．

　Jarvisは繁殖メスの尿中のフェロモンが他の個体の繁殖を抑えていると考えたが，女王と触れないようにすると匂いや尿があっても繁殖するので，むしろ順位行動によって抑えているようだ．このことから本種の研究者には，この真社会性は血縁淘汰よりむしろ，1974年Alexanderが発表した「親による操作仮説」のほうが当てはまると考える人が多い（親による操作仮説というのは，親が先に生まれた子を「操作」して繁殖しないで働くようにする性質があり，それにより親はその後たくさんの子をつくれ，結果的にたくさんの孫ができるなら，そのような変異は広がる，という説である）．

　ハダカモグラネズミについては最近"The Biology of Naked Mole-Rat"（Sherman et al. 編，1991）という大きな本がプリンストン大学出版局から出版された．これにはDNA指紋法でコロニー内個体間の血縁度が非常に高い（巣内近親交配による）という論文も引用されている．しかし真社会性は別属の1種ダマラランドモグラネズミ（*Cryptomys damarensis*）でも発見されたが，この種のコロニー内血縁度は自由交配とあまり違わないという．これを報じたBurland et al. (2002) はすみ場所条件の影響などをもっとくわしく研究すべきだといっている．

第8章

動物社会における子殺し

8-1 子殺しの発見

ハヌマンラングール：杉山幸丸の発見

　1965年から67年にかけて，インドで仕事をしてきたばかりの当時京都大学大学院生の杉山幸丸は，世界の動物社会研究者たちに衝撃を与えた一連の英文論文を発表した（Sugiyama, 1965, 1967）．それはハヌマンラングールの社会で頻繁に「子殺し」が起こっているという報告であった．

　ハヌマンラングール（ハヌマンヤセザル）はヤセザルと呼ばれる東南アジアに多いサルのグループの一員で，日本名通りスマートなからだつきをしている（図65）．杉山はインドのダルワールで，このサルの自然群を調査し，38群中31群は1匹の成オスに数匹のメスとその子供がついた一夫多妻群であることを確かめた．残りの7群には複数の成オスがいたが，あとから得られたデータによってみると，これらは過渡的な状況の群れで，本種の社会構造の基本は一夫多妻群であった．群れは縄張りをもち，オスが群れの行動を先導し，また縄張りを防衛する．そして一夫多妻群以外にオスグループがある（メスは群れに残るのでメスグループはできない）．

　杉山はオスグループの中の優位なオスが一夫多妻群の中のオスのリーダーに攻撃を仕掛け，後者を追放し，群れを乗っ取った事例を観察した．そしてこの直後に，新しく来たオスが，乗っ取りの時点で母親についていた赤ん坊をつぎつぎと殺すという驚くべき光景をみたのである．

　表8は杉山が最初にみた乗っ取りと子殺しの過程をまとめたものである．第30群と呼ばれた当時24匹からなる群れのリーダー「ドンタロウ」に，オスグループの1匹「エルノスケ」が攻撃を開始したのは1961年5月31日のことだった．そして攻撃は6月9日，ドンタロウの完全敗北と1歳以上のすべてのオ

図66　一夫多妻群をつくるハヌマンラングール．中央にいるのがリーダーのオス．数匹の成メスとその子がみえる（杉山幸丸博士提供）．

スの追放をもって終わった．この途中から，エルノスケは群れ中の赤ん坊につぎつぎと攻撃を加え始めた．6月6日のビハールのメスの赤ん坊の死に始まり，7月5日までに，すべてのゼロ歳児が噛み殺された（エローラというメスの1歳の娘も殺されたらしい）．しかも，メスはどの個体も死にかけた子を放置し，子を殺されるとすぐ発情し，殺戮者であるエルノスケにモーションをかけ，9匹中8匹はこのときの交尾による出産を行ったのであった．

　杉山は野外のある群れからリーダーを取り除く実験をしてみた．その結果は，別の群れのオスが新しいリーダーとなり，その過程で群れ内の4匹の赤ん坊のすべてが殺された（Sugiyama, 1966）．

　その後，杉山自身の観察とアメリカ，インドの研究者の観察を合わせると，一夫多妻群のリーダーの交代は1976年までに少なくともダルワールで5回，ジョドプールで1回，アブ山で9回（地名はどれもインド），計15回報告されたが，そのうち少なくとも9回において赤ん坊への攻撃が確認されたか，ないしは乗っ取り後数日のあいだに赤ん坊が消えたことが記録されている（他の例

表8 ハヌマンラングール第30群のリーダー，ドンタロウがオスグループのメンバー，エルノスケに攻撃され追放されたのちの子殺しと発情（杉山，1980より作成）．

性	年齢					群れからの追放（×）	赤ん坊の殺された日	エルノスケに発情した日	出産*	新群組成
	成	3	2	1	0					
♂	ドンタロウ					×				♂エルノスケ
		ヤンタ				×				
		ザンタ				×				
			プンタ（ファラー）**			×				
				ビーキチ（ビハール）		×				
				アイキチ（インダス）		×				
					デンキチ（デラダン）	×				
♀	ビハール ♀						VI. 6	VI. 12～13	＋	○
		エローラ ♀			—		VIII. 4***	IX. 6～	＋	○
		インダス ♀					VII. 5	VII. 18～25	＋	○
			デラダン —				—	V. 31～VI. 8†	＋	○
			ファラー ♂				～VI. 18	VI. 23～25	＋	○
				フブリ —			—	VI. 25～29	＋	○
				ガンジス —			—	IX. 24～29	＋	○
					アッサム ♂		VI. 11	VI. 12～16	？	○
					キャンディ ♂		VII. 2	～IX. 24	＋	○
メスの子供	ガルワル（ガンジス）									○
	ハリヤナ（フブリ）									○

*　　乗っ取り開始から3か月ほどのあいだの交尾によると判定できる出産をさす．
**　（　）内はそれを産んだ母親．1歳のデンキチまで追放された．
***　エローラの娘は1歳になっていたが，赤ん坊同様殺されたと想像される．
†　　赤ん坊のいなかったデラダンはエルノスケの攻撃開始の日からエルノスケに求愛し6月4日に交尾した．

は赤ん坊が攻撃されなかったのではなく，ちょうど乗っ取りの時期に観察者がいあわせず，あとでリーダーの交替だけを確認したケースである）．したがってハヌマンラングールの子殺しは，異常な偶発事件としてはかたづけられない（杉山，1966参照）．

ライオンの子殺し

　全然別の動物で，ハヌマンラングールで発見されたのと同様の子殺しが発見されたのは，杉山の報告の十年後のことであった．ゴリラの野外研究でアメリカ霊長類社会学の戦後のリバイバルの先頭をきったSchaller（1973）がライオンで全く同様の事実を見つけたのである．

　すでに述べたように，ライオンは普通2匹前後の成オスと3～十数匹の成メ

スとその子からなるプライドをつくっている．そしてプライドの広大な縄張りの中には，プライドに参加できなかった放浪オスたちが，これも普通は兄弟2頭の組をつくって，プライド側の目をかすめつつ出没している．これらの放浪オスは成熟してくると，年とって体力の衰えたオスのいるプライドを攻撃し，オスを追い出してプライドを乗っ取る．Schallerはこのときに新しいオスたちが先夫の子供たちをつぎつぎと殺すことを見つけたのであった．ライオンの場合にも，子を殺されたメスはすぐ発情した．子供が生きていれば母親の出産間隔は25か月なのに，子供を失った母はすぐ妊娠できるようになり，乗っ取りから1年以内に一斉に出産したのである．こうした事実は，その後少なくとも6回観察されている．1回だけ乗っ取り後子供が生き残ったケースがあるが，この場合はオスがもとの群れに帰ってしまっていた．

以上の記述でわかるように，ハヌマンとライオンの子殺しはオスが新たに参加した群れの中の子に対して起こっている．よその群れを襲ってその子を殺し（食い），また自分の群れに戻るようなケースは他の動物にもあるが，これとは違うのである．以下で論議するのはハヌマン・ライオン型の子殺しである．

8-2　子殺し進化の要因

性淘汰説の登場

杉山の報告に対する欧米の最初の反響は，偶発事件だというものであった．相前後してハヌマンを研究したアメリカの学者たちが，この時点まで子殺しを見つけていなかったことも，この考えを強めた．彼らが想定した子殺しの原因は，精神病理的現象，すなわち病的な精神異常，過密への過敏反応，突然身のまわりに出現した「よそもの」への攻撃など，であった．人間だってときにはわが子を殺すではないか．

しかし，子殺しの観察例が増え，ライオンでもこれが発見されるなかで，精神病理説は弱まっていった．これに代わって出されたおもな説は4つある．すなわち

(1) 密度制御機構だとするもの
(2) 食物不足を補うとするもの（子を栄養にする）
(3) 親による操作だとするもの（生物的ないし社会的に劣った条件の子を殺し，残りの子に保育を集中する）．

(4) 乗っ取りオスの適応度が増すことによって進化した——つまり異常ではなくて1つの適応戦略だとするもの（性淘汰説）

である（長谷川眞理子，1992 参照）．

　このうち (1) は現在ではあまり考慮されない（その理由は153ページに述べる）．

　(2) はハヌマンラングールでは問題にならない．ハヌマンは決して殺した子を食べないからである．

　(3) は人間社会の子殺しには適用できそうだ．原始以来今日まで，奇形の子が生まれたときにこれを殺したり，男上位の社会で女の子が生まれたときに殺したりした例は少なくない．しかしこれは，むしろ自分の子を殺すときの話である．

　ときあたかも，ハミルトンの包括適応度，血縁淘汰の考えが脚光をあびてきた．大著『社会生物学』においてE. C. ウィルソンが (4) の仮説を採用し，自らハヌマンを研究してきたアメリカの女性研究者サラ・ハーディ（S. Hrdy, サラ・フルディとしている訳者もいる．中間ぐらいの発音らしい）らがこの説（「性淘汰説」と呼ばれる）を強力に主張している（Hrdy, 1974）．

　実は適応度を増す方法は2つある．それは，

　(4a) メスの授乳を中断させ，早く妊娠できるようにすること．

　(4b) 他人の子を殺すことにより，自分の子の競争者を減らすことである．

　一般に哺乳類は授乳を続けているうちは次の子を妊娠しない．子が死んで授乳が終わると妊娠が可能となり，次の発情期に，あるいは発情期が決まっていなければすぐにでも，オスの求愛を受け入れる．そこで先夫の子を殺すことは，奪ったメスたちに自分の精子を早く宿らすということになる．杉山自身がこれも要因の1つとしてあげていた．

　じつはハヌマンラングールのオスはそう長く一夫多妻集団を支配しているわけではない．杉山やHrdyの多くの観察例で共通しているのは，1匹のオスが群れを率いている期間はわずか2年で，それを過ぎるとまた，別のオスに群れが乗っ取られ，今度は自分の子が殺されるということであった．（Hrdyによると平均期間は27か月である；Hrdy, 1974）．すると，せっかく群れを乗っ取ってメスたちをわがものにしても，赤ん坊をもったメスが授乳を終わり，妊娠可能になるまで1年以上も待っていなくてはならない．それでは自分が追われる時期には自分の子はまだ赤ん坊だということになり，次の支配者に殺されてし

まう危険がある．しかしメスがすぐ妊娠してくれるなら，乗っ取り後しばらくのあいだにつくった子は生きのび，2回目の子だけが殺されることになって，乗っ取りはオスの適応度にとって有益だということになる．これが，同種内殺戮という一見異常な性質を支配する遺伝子が広がってゆくのを保証した原因だ，というのである．

　ライオンの場合にも(4a)の意義ははっきりしている．ライオンもまた，特定のオス（たち）がプライドについている期間はわずか2～3年であり，一方，授乳中の子をもつメスは長ければ1年以上妊娠しないのである．Packer & Pusey (1982) は子殺しによりオスが8か月早く子を得ることができるといっている．

　(4b)の要因はハヌマンの場合，どの程度有効かはわからない．しかしつねに飢えているといわれる肉食動物であるライオンにとっては，これも重要であろう．ライオンの大きな群れでは，年上の子が数匹もいると年下の子はつねに餓死の危険にさらされているので，兄姉がいなくなってしまえば新しく生まれる子の生存率はずっと高くなるかもしれない．かくして先夫の子を殺すことは少なくとも乗っ取ったオスの側においては適応上有利である．

ハヌマンラングール以外のサルの子殺し

　日常的な子殺しが発見されたサルはハヌマンラングールだけではない．杉山の発表の数年後にはハヌマンラングールと同じく一夫多妻群をつくるスリランカのカオムラサキラングールで発見されたし，ときどき大きな集団もつくるが，一夫多妻群を基本集団としているアフリカのアカオザルでも見つかった．長谷川眞理子（1992）はそれまで知られた野生霊長類の子殺しを表9のようにまとめたが（報告者の名はこのもとになった英文総説 Hiraiwa-Hasegawa, 1988 に出ている），大部分は単雄複雌群（表にただ「単雄」と書いてあるのはこれ）で暮らす種で，子殺しは，ハヌマンラングール同様，新しいオスによる群れの乗っ取りのときに起こっている．マントホエザルやアカホエザルは複雄複雌群で暮らすが，群れの中に一夫多妻の亜群があり，子殺しの多くはこの亜群のオスの追放ののちに起こっていたので，状況は単雄複雌群と同じとみてよいだろう．ゴリラにも子殺しがある．群れを率いるオス（シルバーバック）が死に，ユニットが崩壊して子持ちの母が別のオスの群れに転入したとき，その新しいオスによって赤ん坊が殺されるのが最も多くみられるコンテストだと長谷川

表9 野生霊長類における子殺しの観察（長谷川，1992による）

種 名	社会構造	子殺しの状況
ハヌマンラングール *Presbytis entellus*	単雄	群れの乗っ取り
カオムラサキラングール *Presbytis senex*	単雄	群れの乗っ取り
シルバールトン *Presbytis cristata*	単雄	群れの乗っ取り（状況証拠）
アカオザル *Cercopithecus ascanius*	単雄	群れの乗っ取り
ブルーモンキー *Cercopithecus mitis*	単雄	群れの乗っ取り
キャンベルモンキー *Cercopithecus campbelli*	単雄	群れの乗っ取り
クロシロコロブス *Colobus guereza*	単雄	群れの乗っ取り（状況証拠）
マウンテンゴリラ *Gorilla gorilla*	単雄	群れの乗っ取り，雌の移籍
マントホエザル *Alouatta palliata*	複雄複雌	群れの乗っ取り
アカホエザル *Alouatta seniculus*	複雄複雌	群れの乗っ取り 雄の順位上昇
アカコロブス *Colobus badius*	複雄複雌・父系	雄の順位上昇
ニホンザル *Macaca fuscata*	複雄複雌・母系	外部の雄の接近（稀）
ヒヒ *Papio cynocephalus*	複雄複雌・母系	雄の移籍（稀）
アカゲザル *Macaca mulatta*	複雄複雌・母系	第1位の雄（1例のみ）
チンパンジー *Pan troglodytes*	複雄複雌・父系	群れの遭遇，雌の移籍， 同じ群れの雌

(1992)は書いている．

このように一夫多妻のサルで子殺しが発見される一方，1992年までに複雄複雌群をつくるヒヒでは数万時間におよぶ観察にもかかわらず子殺しは十数例しか見つかっておらず，それらは2群が遭遇し争ったときを除くとだいたい新しいオスが群れに加わったときであった．同じく複雄群をつくるニホンザルでは，ヒヒよりはるかに多い観察時間があるのにわずか数例しか発見されていない．そしてCarpenter以来数十年にわたる調査のあるアカゲザルでは子殺しの

観察は1例のみである．

　子殺しの報告されたサルは（実験的なマントヒヒを除き）どれも特定の発情期をもたない．ライオンも同様である．それゆえ，子を殺されたメスはすぐに発情する．一方，授乳期間は長い．

　このようなことから私は，長谷川同様，一妻多夫集団を社会の基本単位とするこれらのサルやライオンの子殺しは基本的にはオスの適応戦略として成立したものと考えたい．

性淘汰説以外の見方

　アメリカの Curtin & Dolhinow (1978) は，どちらも自らインドでハヌマンの野外調査をした研究者だが，ウィルソンや Hrdy の性淘汰説には懐疑的である．
　この2人は，ハヌマンラングールがインド亜大陸のほぼ全域に分布するのに，子殺しが観察されたのはインド半島の南西側だけだという点を強調する（図67）．子殺しが見つかったことのない東北側の地域は，環境がより自然で，ハヌマンの密度もずっと低い地方である（図でみると密度を示す数字が重なっているのはジョドプールとシングールのみである）．しかも南西側の研究地の多くは，ハヌマンと人間の接触がきわめて強い地域にある．そして，子殺しがみられぬ東北側の地域では，群れ内に成オスが1匹でなく何匹もおり，しかもオス同士の関係が平和的で，ハナレザルがあまり争いなしに群れに再加入することさえあるという．

　こうしたことから Curtin & Dolhinow は，人間の開拓などによってハヌマンは一部の場所に追いつめられて局地的密度が著しく高くなり，またつねに人間に接触していることが，彼らの適応の限界を越えてしまい，そこに発情したメスと性的にアクティブなオスと，一番弱い時期の赤ん坊という三者がちょうど一緒になるという「不幸な」状況が生じた結果，子殺しが起こったのだと主張する．

　彼らによれば，子殺しは適応の一形態ではなく，ハヌマンの社会が混乱期にあることの反映なのである．精神病理説の復活といえよう．

　日本の霊長類学の指導者の一人，河合雅雄は雑誌『創造の世界』の連載「サルからヒトへ」の中でこの問題を論じている．

　河合の主張の要点は，Curtin & Dolhinow と同様，「ハヌマンラングールの子殺しはラングール社会では異常なケースだ」ということである（ここで「ラ

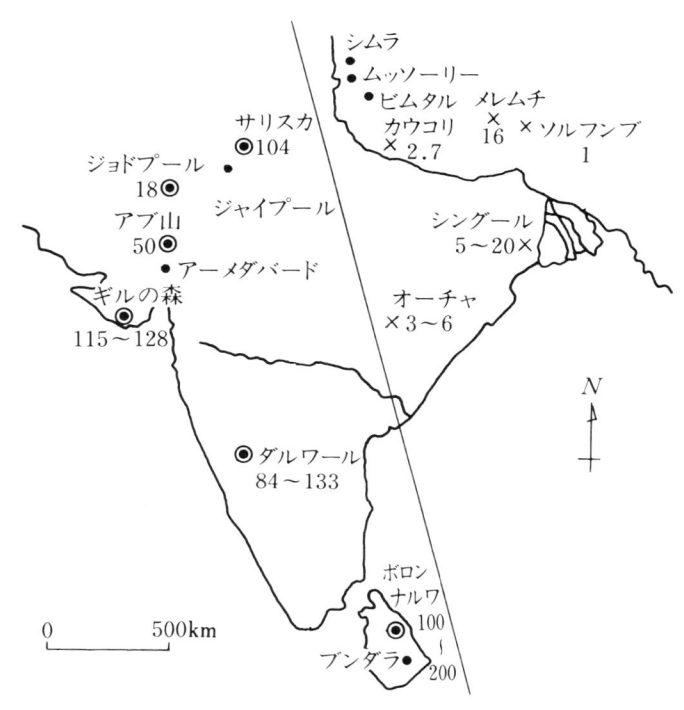

図67 ハヌマンラングールの子殺しのみられた地域（◉印）とみられなかった地域（×印）．斜線の左側のみで子殺しがみられた．地名の下の数字は1 km²当たりのハヌマンラングールの密度（Hrdy, 1979の図と表を合成したもの）．

ングール社会」が何をさすかは明確でないが，おそらくインド東部の低密度地域の社会を念頭においているのだろう）．この考えを展開するにあたって，河合はクロシロコロブスやカオムラサキラングールで一夫多妻群の乗っ取りにさいして子殺しがみられなかったケースのあること，また河合自身が調査したゲラダヒヒに子殺しが全くみられぬことをあげた．

しかし，まず子殺しはすべての一夫多妻のサルにみられる必要はないし，すべての乗っ取りの場合にみられる必要もない．たとえば発情に季節的周期があれば子殺しがオスの適応度をあげるとは限らない．Hrdyや長谷川が主張したのは群れ内の子殺しが頻繁にみられるのが一夫多妻ないし実質的な一夫多妻のサル（および他の若干の哺乳類）だけで，複雄群をつくるサルには全くあるいは例外的にしかみられないということなのである．しかも河合のあげたカオ

ムラサキラングールはハヌマンラングールより樹上的で複雄群も少なくないし，単雄群の乗っ取りにさいして赤ん坊が傷を負って死ぬことがあると報告されている．またクロシロコロブスで報告者の Oates (1977) はリーダー交替のさい，赤ん坊が数匹消えたことを記録しているのである．クロシロコロブスも樹上性が強く，また多雄群もある．河合はこの2種でオスが闘争なしに群れに加入できる場合があることを重視しているのだが，これらは一夫多妻制のサルと複雄複雌群で乱婚のサルとの中間にあるのだと思われる．

　ゲラダヒヒについていうと，子殺しがみられないかわりに，乗っ取りのあとでメスに流産が起こることが知られている．そして，そのあとでメスは一斉に発情する．

　ネズミにブルース効果という現象が知られている．受精したメスのネズミを交尾相手とは匂いが全く違うオスと一緒にすると卵の着床が阻止され，メスが発情するという現象である．これがオスの操作なのか，メスの側の異常事態への過剰反応なのかは長いこと論議されてきたが，最近ではオスがテストステロン依存性のフェロモンを分泌しメスの流産を誘発するという考えのほうが支配的である．そうであればこれは一種の子殺しである．ゲラダヒヒの流産もかたちを変えた子殺しであり，この事実はむしろ適応戦略説を強めるものだと私は考える．

　動物全般の子殺しについては Hausfater & Hrdy 編（1984）の"Infanticide"という論文集がある．この本のサルに関する論文の中では編集者2人のほかに Leland, Struhsaker ら（アカオザルやコロブス），Crocket & Sekulic（アカホエザル），Fossey（ゴリラとチンパンジー），Vogel & Loch（ハヌマン）が性淘汰説を支持し，Boggess（ハヌマン）だけが反対した．また鳥を扱った Mock，食肉類を扱った Packer & Pusey も性淘汰説をとり，魚を扱った Dominey & Blumer と両生類を扱った Simon はこれらのグループの子殺しの多くは単なる同種内共食いであることを認めつつも，性淘汰説で最も良く説明できる子殺しがあることを認めている．またこの論文集で Huck はオスがフェロモンを出すことは確かだが，メスに反応がなければ着床失敗は起こらないのでブルース効果をオスの適応戦略とみることには無理があり，むしろたくさん投資した子を失う犠牲を避けるためのメスの対抗戦略だといっている．しかし私はオスがハレム奪取後多量のフェロモンを出せば適応戦略としてのブルース効果は成立しうると思う．

なお，メスが多数のオスと交尾する性質の進化の新しい総説に Wolff & Macdonald (2004) がある．彼等は多オスとの交尾の遺伝的利益は例があまり知られておらず，子殺しが最も重要だといっている．

子殺しは密度調節のために進化しうるか？

結論として河合は，子殺しは密度調節機構だという．杉山幸丸も『サルを見て人間本性を探る』という本（1984，農産漁村文化協会）の中でこれに近いことを書いている．

しかし，どうして密度調節のために子殺しが進化できるのであろうか？

子殺しをしない——そしてしょっちゅう密度過剰になる——個体群に子殺し遺伝子が出現したとしよう．個体群の増加は確かに鈍るだろう．しかしそれによる利益は子殺し遺伝子をもたぬ個体も受けるのである．逆も同様で，子殺しのある個体群に子殺しをしない遺伝子が出現して，何かの原因でそれが広がり，密度過剰になったとき，被害はどちらも受ける．子殺しが進化し得る条件は，子殺しをするオスのほうが子殺しをしないオスより余計子を残せる場合だけである（もちろん，河合のように子殺しが遺伝的な性質でなく異常現象だと考えれば別だが，杉山は一貫して子殺しが異常現象ではないことを主張してきたのである）．

私は個体群調節は「結果」ではあっても「原因」ではないと思う．Hrdy も密度が高いと子殺しの頻度が増える可能性は認めたが，子殺しは進化的に成立した通常の行動形質であり，ただ発現頻度には密度も影響すると考えた．Curtin & Dolhinow (1978) の批判に戻れば，インド東半分ではハヌマンラングールが多雄群をつくり，群れ間の個体の移籍も少なくないことが重要だと思う．そしてこれは密林地帯で縄張りが明確になり得ないことと関連しているのであろう．

なぜメスは防衛しないか？

河合は，オスにとって子殺しが適応戦略だとしても，（どれも血縁度 0.5 の）自分の子を殺されるメスはなぜもっと防衛行動を展開させなかったのか，と問う．

確かにこれは Hrdy 説の弱点であった．彼女は 1977 年の論文で，子殺しのみられるような種には特定の発情期がないため，メスの損失を間もなくカバー

できること，オスの殺戮に対応するにはメスが大型化せねばならないが，これは前繁殖期間の延長（＝内的自然増加率の低下）というジレンマによって抑えられたかもしれないと述べた．しかしこの説明が十分なものとは思えない．

　私はこの本の初版（1987）でむしろ包括適応度が重要だと考えた．子殺しの後に生まれる息子の少なくとも半分は，父同様，子殺しの性質をもつであろう．その息子は他のサルの息子より多くの子（防衛しなかった母にとっては孫）を残すだろう（一夫多妻制において乗っ取りの後，子殺しがあるとき子殺ししないオスの適応度が低くなることは簡単な計算で証明できる）．これに対し子殺しに反抗することは，失敗による自分の死というリスクがある一方，オスとしては適応度の低い，子殺しをしない息子を産むことになるだろう．したがって防衛のコストがそれほど高くなくてさえメスが子殺しにあまり抵抗しない性質が進化することはありうるとした．しかし数理生物学者の山村則男，霊長類学者の長谷川寿一と私でデータを出しあい，討議してモデルをつくり計算した結果は，この効果よりメスが防衛するときにオスに攻撃される危険がそれをやめさせる原因らしいということであった（Yamamura et al., 1990）．一夫一妻のサルにはオスがメスより大きい種が多い．

8-3　チンパンジーの子殺し

　菜食主義者（果実が主）であるはずのチンパンジーが，インパラなどを殺してその肉を食うという発見が関係者を驚かせたのは1964年のことであったが，1971年には当時京都大学大学院生だった鈴木晃によって，チンパンジーが同種の赤ん坊を殺し，しかもそれを食うことが発見された．

　チンパンジーの社会はヒヒ，ニホンザル型の複雄複雌群とも，ハヌマンラングール型，ゴリラ型の一夫多妻群とも違う．チンパンジーは森林の中で母子集団で発見されたり，オス集団をつくっていたり，しょっちゅう組み合わせの変わる小集団に分かれていたりして，最初の頃は決まった社会構造はないのではないかとさえ考えられた．しかし調査が進むにつれ，チンパンジーも，上にあげたような流動的に変化する亜集団を包括する上部単位としての群れ（サル学者は単位集団というがここでは「群れ」と呼んでおく）に組織されていることがわかった．この群れの構成は決まっていて，また一定の行動圏をもっていることがわかってきた．群れのサイズは20～100匹である．このように群れは

存在するが，これがヒヒの社会のようにボス，メス，ワカモノなどの階層構造になっていないのである．交尾は群れ内で行われ，オス間には順位があるのに事実上乱婚的になされていた．

さらに他の大部分のサルで生まれた群れを離れ，ヒトリザルとなり，いずれ他の群れに入るのはオスであるのに対して，チンパンジーはメスが群れを離れ，オスは終生生まれた群れにとどまることがわかった．遺伝子をはこぶ性が逆転しているのである．

このように一夫多妻（交尾権が1匹に限られるものを含む）でないチンパンジーになぜ子殺しが起こるのか？　しかもチンパンジーではメスによる子殺しも報告されている．これを報告した著名なチンパンジー研究者のジェーン・グドールは精神病理説にかたむいていた．一方，東京大学の西田利貞は著書『野生チンパンジー観察記』（中央公論）の中で適応戦略説を示唆した．

表10は長谷川眞理子（1992）がまとめた1985年までにみられたチンパンジーの子殺しの全ケースである（彼女の英文論文 Hiraiwa-Hasegawa, 1988 とやや違うが，新しいこの数値を示した）．

これをみると確かに成メスによる子殺しもあるし，他のグループの子を殺したケースもある．しかし，成メスによる子殺し4例はすべてパッションと名付けられたメスとその成熟した娘ポムによるもので，しかも3例が共同して，この2匹がいつも歩き回る範囲に来たメスを襲いその子を取って食べたケースである．

群れ間の子殺しというのは2つの群れの行動圏が重なっているところで母と子のペアが隣接グループと出会った場合であった．したがって殺された子は殺したオスの子でないことは確かだが，メスがその後殺したオスの群れに加入したのは1例のみであった．

6例（たぶん9例）を占める，成オスが群れ内の子を殺したケースは，すべて，最近その群れに移ってきたメスが移籍直後に産んだオスの赤ん坊であった．

20年も続いて研究が行われてきたマハレでは，こういう移籍したメスの赤ん坊の生存率がわかっている．20匹のメスがMグループという群れに移籍し，その直後に12匹の赤ん坊が生まれたが，そのうち8匹はオスで，5匹が群れ内で殺され，1匹は殺されかけたが母が防衛でき，1匹は他グループのオスに殺された（他の1匹の死因は不明）．一方，2匹のメスの赤ん坊は攻撃もされなかった（残りの2匹の性は不明）．これらの移籍メスたちからはその後6匹

表10　チンパンジーの子殺しの例（長谷川，1992）

場所	子の齢	子の性	群れ間 群れ内	殺した個体	証拠	食肉	観察者
ブドンゴ	新生児	?	?	成オス	O	有り	Suzuki
ゴンベ	1.5～2歳	?	間	成オス	O	有り	Bygott
ゴンベ	3週	メス	内	成メス	O	有り	Goodall
ゴンベ	1.5～2歳	オス	間	成オス	S	有り	Goodall
ゴンベ	1.5～2歳	メス	間	成オス	O	無し	Goodall
ゴンベ	3週	メス	内	成メス	O	有り	Goodall
ゴンベ	3週	メス	内	成メス	O	有り	Goodall
マハレ	2月	オス	内	成オス	O	有り	Kawanaka
マハレ	1.5月	オス	内	成オス	O	有り	Kawanaka
マハレ	1月	オス	内	成オス	O	有り	Takahata
マハレ	3月	オス	内	成オス	O	有り	Nishidaら
マハレ	6月	オス	内	成オス	O	無し	Masui

O：観察，S：推定

のオスの子が生まれたが，このうち殺されたのは1匹のみだった．

　すなわち，チンパンジーの子殺しの大部分は，オスがその群れに移ってきたメスの先夫のオスの子を殺したものなのである．ただしチンパンジーでは子を殺されたメスが殺したオスと間もなく交尾した観察例はない（チンパンジーの産子間隔は先の子が生きていると5年にもおよぶ．だから記録されにくい1年以上後の交尾さえオスにとっては利益であろう）．

　チンパンジーは複雄複雌の社会をもっていて，その中でメスは複数のオスと交尾する．第1位のオスは妊娠可能性の一番高いメスと優先的に交尾できるだろうが，それでも，そのオスの子になる保証はない．チンパンジーのオスにとっては精子間競争が父性確保に大きな割合を占める可能性がある．こういうことから長谷川眞理子（1992）はチンパンジーのオスの子殺しにはハヌマンラングール型の性淘汰の要素はないと考えた．チンパンジーは霊長類のなかで非常に肉食傾向が強いので，食物としての赤ん坊の利用も考えられる．また資源をめぐるオス間の競争が強いと思われるので，長谷川はチンパンジーの子殺しは局所的資源競争によると考えている．チンパンジーだけにみられたメスによる子殺しは精神病理的現象と考えてよいだろう（前記パッションの死後ポムの子殺しも終わったという．オス獲得の競争相手排除だという人もあるようだが，

表10にはメスによるオスの子殺しの例もある).

　ともかく,動物の社会である程度恒常的にみられる現象は,進化的基礎をもっと考えて研究を進めるべきである.

第9章

社会生物学と人間の社会
―― 竹内久美子批判と最近の動き ――

9-1 アメリカでのウィルソン批判

　この本の中心課題を私は，動物の社会行動は，それが一見個体の自己犠牲的行為のようにみえるとしても，けっして「種の繁栄」のために進化したものではないことの説明においた．われわれの目にとって一見「異常」とみえる行為であっても，それが一定の条件下で高い頻度で出現するならば，遺伝的基礎をもつと考えたほうがよい．そしてこのような遺伝的性質が進化のなかで固定したのは，それが多くの子孫に広まり得たからであろう．自分の産む子の数をへらして他人のそれを増やすような利他行為は，社会全体のためになるから進化したのでなくて，それが包括適応度を高めるからこそ進化したと考えることによって説明できることを，この本の中で示した．この意味では大部分の動物の行動は包括適応度という観点ではけっして自己犠牲的ではなく，適応度最大化のための競争の結果なのである．さらに，動物社会に，個体の社会的地位によって異なる行動様式が存在することも，「種の繁栄」のための自己抑制によってでなく，進化的安定戦略（ESS）の考えによって自然淘汰説と矛盾なく説明できることがわかった．社会生物学（行動生態学）の観点に立ってはじめて，つまり包括適応度と進化的安定戦略の観点に立ってはじめて，動物の社会進化を現代進化学の文脈の中で論ずることができるようになったのである．

　包括適応度または血縁淘汰という概念の有効性は今後ますます多く示されるであろう．そもそも近親者間に相互作用がある限り，包括適応度は，理論的につねに働くものなのである．さらにこの観点は，従来生態学者があいまいなまま使用してきた「採食縄張りは個体数調節のために進化した」とか「順位制は不要な争いを減らすために進化した」という考えが間違ったものであることを示唆している．このような間違いは，私が過去に書いたものを含めて，生態学

の本の中にきわめて多かった（もちろんそれを引き写した一般生物学書もほとんどそうである）．

ただ，こうした考えの展開が人間生活におよぼす影響については慎重な考慮が必要であろう．

ウィルソンの『社会生物学』に対して，アメリカ生物学の左派といわれる人たち（電気泳動法による遺伝研究に道をひらき，木村資生の「中立説」確立の土台をつくったルウォンティン（R. C. Lewontine）や大進化について新しい考えを展開して注目されたグールド S. J. Gould が含まれる）は，この本の中の（1）人間の社会的諸特性（党・宗派性，閨閥主義，男性優位，好戦的性質，よそ者恐怖症など）のあるものが遺伝子によって決定されているという主張，および（2）そうした人間の遺伝子特性は，あるとすれば，適応度を最大化すべく働いた自然淘汰の産物であるという主張が，「人間社会の現状（status quo）を合理化する決定論であり，人種差別や男女差別の合理化（それらは適応の産物であるという理由での）を許すものだ」と批判した（伊藤『科学』49巻，3号，1979を参照）．

ルウォンティンも入っている The Ann Arbor Science for the People という団体がつくった本 "Biology as a Social Weapon"（1977）の中にある Sociobiology Study Group というグループの共同執筆では，人間の性質の大部分は，飢えと階級差別と女性抑圧と戦争の中で，遺伝ではなく教育と文化と政治的抑圧の力によって形成されてきたのに，ウィルソンはこれをみていないと批判する．彼らによると "Sociobiology" は「有害な本」である．

私はかつてこれに対しこう書いた（伊藤，1979）．「Wilson の人間の章は他にくらべて証拠不十分の強引な議論が多く，しかもそこで Wilson が人間の階級や性差などを（少なくとも当面）合理的なものとみなしている傾向は明らかだと思う．……しかし，それにもかかわらず，私はかれらの批判のありかたに疑問も感ずる．」こうした批判は「ソ連における Lysenko 独裁を思い出させる．」ボストングループの批判の中に私は「人間の社会的性質を一切論議するなという空気をも感ずるのである」．

イギリスの指導的理論生態学者 May はウィルソン自身「人間行動の90％は環境的なもので，10％ぐらいが遺伝的だろう」といっているのだから「ルウォンティンらの批判は無作法だ」と書いているが，私は賛成である（大部分のイギリスの生態学・行動学者たちは社会生物学を承認している．しかし彼らは

この分野を sociobiology と呼ばずに behavioural ecology というのを好む．理由の 1 つは一応人間行動を除外するということにあるだろう）．

　しかしまた，生物学者の立場からすれば，左右を問わず人文・社会科学者にしばしばみられる，人間を全く動物と区別される存在だとする見方にも同意できない．問題はわれわれがどれだけの動物的遺伝を保持しているかをまだ正確に知らないことだが，もしその過去が仮に意外に大きいとしても（それでもウィルソンのいうように 10 %にはとてもならぬわずかな割合に違いないが），そしてまた，その中に人間の平等・自由の観点からみて好ましくないものが含まれるとしても，それがただちに人間社会に現存する不正義を許すことにはならないと思う．

　最近アメリカの昆虫行動学者オルコック が著書『社会生物学の勝利』（原著 Alcock, 2001，邦訳 2004）で人間社会学者などからの社会生物学への批判に対して反論を行った．彼は社会行動を決める遺伝子は発見されていないというルウォンティンらの見解は，これが 1990 年代以降多くの生物でこれが発見されていることから間違いだという（もちろん人間の行動が遺伝子だけで決められるのでなく，環境との相互作用によることも明記されている）．「慈善行動は進化的に説明できない」という批判に対して，利他者に隠れた利益があることによって自然淘汰の中でも役立ったなら，慈善行動の社会生物学的進化はありうるともいう．私はオルコックの反批判の多くに賛成である．しかし彼は社会生物学の悪用についてはほとんど書いていない．彼は南部バプテスト協会が 1998 年に出した指示に「女性は夫の指導のもとに彼に仕えるべきである」と述べてあることを引用し，「このような社会構築をめざす人間が，男性と女性の欲望に関する進化的な基礎についての社会生物学の論文を見つけたならば，働く女性に対する攻撃の材料としてそれを使いかねないと私は思う」と書いた．しかしそのすぐあとに著者は「そういうことは幸いにまだ起こっていないと思う」と書く．少なくとも日本でそうでないことを次節に記すが，アメリカでも少なからず起こっていると私は信じている（イギリスでは明白な例がある．カミカゼ精子（88 ページ）を提案したベイカーの『精子戦争』は社会生物学をもとにしているといいつつ，人間の不倫を絶賛した本（批判はバークヘッド，2003 の 48-57 ページ）である）．

9-2　竹内久美子による社会生物学の人間社会への悪用

　世界で一番大胆といえる社会生物学の悪用が日本人によってなされている．これをしたのは竹内久美子である．彼女はたくさんの本を出し，いまも出しつづけているが，ここでの論議で特に重要なのは『浮気人類進化論』(1988)，『男と女の進化論』(1990)，『そんなバカな！』(1991)，『賭博と国家と男と女』(1992)などである．『浮気人類進化論』は出版から4年間に15刷が出，『そんなバカな！』は1年間に11冊以上が売れた．

　竹内はこれらの本で自分を「動物行動学の一学徒」と称し，社会生物学の普及とある側面の発展で功績のあったR.ドーキンズの『利己的な遺伝子』の説を採用するならば，男の浮気はあたりまえだから「お偉方に複婚（特に一夫多妻）の合法化を提案してもらう」（『そんなバカな！』）とか，福祉は「〈子だくさんを望む〉[貧乏人の]遺伝子をふやす」だけだから悪である（同上）とか，「特権階級は……最高で最善の自己防衛システム」だから「君主制が絶対正しいと私は思う」（『男と女の進化論』）などと書き散らしている．

　しかし，竹内は，京大大学院にはいたものの，そこが中心だった日本動物行動学会大会で発表したことは一度もなく，研究論文も全く書いていないと思われるので，動物行動学者とはとうていいえない．そして社会生物学の理論をねじまげ，全く反対のことまでいう．本書で何度も記したように，社会生物学の最重要な命題は，動物は「種の繁栄のために」行動するのでなく，自分の遺伝子コピーを最大限残すために行動するよう進化してきたのである．粕谷(1992)もいうように，竹内も他の場所ではこれを支持し，だからこそ「利己的遺伝子」を中心にすえたのに，君主制賛美のためには，特権階級がいたほうが**集団にとって有利**だという正反対の議論をしている（例『男と女の進化論』）．あるいは「階級は一見不平等なもののように思われがちだがそうでもあるまい」として「ハチやアリの……女王とワーカーの関係」を持ち出すが（同上），ハチ，アリの女王とワーカーは人間の「階級」と全然違う血縁者なのである．

　竹内への批判：社会生物学の理論家である粕谷英一は1992年に竹内の出した『「理科系男」「文科系男」論』を例として次のように批判している．

　竹内は，人間の男性には誠実で勤勉な「理科系」型と軟派で口がうまい「文科系」型という2つのタイプがあり，狩猟や戦争のときには「理科系」男が子を残す上で有利であり，戦争のないときには逆に「文科系」男が有利であると

いう．また「理科系」男は自分自身の子供だけでなく血縁者を通して自分の遺伝子を後の世代に残す．日本が狩猟や戦争などの本場でないのに理科系男の比重が高いのは見合い結婚制度のためである，ともいっている（『浮気人類進化論』39-46 ページ，『そんなバカな！』150 ページなど）．

この議論の仕方をまとめてみると
 (1) 人間の何らかのふるまいや性質に注目する——男の口説き方の違い
 (2) ふるまいや性質と遺伝との関係を仮定する——理科系男と文科系男の違いは遺伝的
 (3) ふるまいや性質の有利・不利を設定する——狩猟や戦争のときは理科系男が有利
 (4) そのふるまいや性質が現在みられるのは進化的にみて当然であると結論する

しかし，自然淘汰による社会的性質の進化（社会生物学の前提）には次の 3 つが不可欠である．
 (1) 変異：生物のある性質について同じ種の個体の間に違いがある
 (2) 淘汰：その性質が違うために個体の生存や繁殖に違いがある
 (3) 遺伝：問題の性質の違いは多少とも遺伝的である

これに対する竹内のやりかたは，まず人間の何らかのふるまいや性質の違いに注目する点は同じだが，ふるまいや性質が遺伝的だという証拠は何もないのに，勝手にそう決めている．そしてふるまいや性質の違いによる個体の生存や繁殖の違いの証拠も全くないのにこれも適当に決めている．そして彼女はそのふるまいや性質が今みられるのは進化的にみて当然というのだが，これは (2) と (3) を適当に決めてしまえばどんな結論も出せるのである．こうなると竹内の議論は「エセ生物学的」としかいいようがないと粕谷はいう．

これは理科系男，文科系男の例だが，他の例もすべて同じである．「子だくさんを望む遺伝子」があるという証拠もなく，ましてそれが「貧乏人」に多いという証拠など皆無である．このやりかたなら竹内は人間社会のあり方についてどんなメッセージも出せるが，じつはこれまでの竹内のメッセージは一貫している．その第一は君主制の賛美であり，第二は社会福祉不必要論であり，第三は男の浮気の容認である．利己的遺伝子や血縁淘汰はこのメッセージを伝えるための舞台装置にすぎない．

では竹内がたたえるドーキンズはどうだろう？　確かに彼の本（『利己的な

遺伝子』日高ら訳, 紀伊国屋書店, 1991) には福祉政策のもつ矛盾の指摘など, 人間の自由・平等にとって暗い話がたくさん出てくる. しかし彼は「人間の脳は, 遺伝子の指令に反逆できる力さえもっている」とし,「この地上で私たちだけが, 利己的な自己複製子たちの専制支配に反逆できる」とも書いたのである. 彼はこれを「限定つきの希望」だとした. しかしけっして竹内のように独裁制や男の浮気の賛美はしなかった.

9-3　人間の動物的遺伝と人間社会の将来：S. Hrdyと私の意見

　社会生物学が, 今日の人間社会では適当と思われない人間の諸性質, たとえば好戦主義, 党・宗派性, 一夫多妻傾向などを人間の動物的過去からもたらされた性質だと考えたことはすでに記した. しかし, 社会生物学の承認は, これらを今後の人間社会のありかたとして承認するものでも, 克服する道を閉ざすものでもない.

　第8章2節 (146ページ) に書いたように, アメリカの霊長類学者 Hrdy はハヌマンラングールの子殺しを再確認し, この性質の起源を雄たちの適応度最大化のための戦略だと主張した学者である. 彼女は人間の動物的過去が一夫多妻的であったことを認める. しかし竹内のようにそれを正しいと考えるのでなく, だからこそ女性の権利の確立のためには一層強力な戦いが必要だと主張する. 著書『女性の進化論』(原著1981, 邦訳フルディ, 1989) の中で, 彼女は「同等な権利をもった女性は決して (自然に) 進化してきたのでなく, 知性と不屈の意思と勇気で辛うじて出てきたものだ」と説く. ここでは動物社会のオス優位や多妻的傾向から男の浮気や一夫多妻を是認するのでなく, 動物的過去があるゆえに女にとっては一層の戦いが必要だというのである (彼女が最近出した大著『マザー・ネイチャー　上・下』も参考となろう. この訳書は著者名をハーディーとして邦訳された)

　日本の親子2代続く政治家, 経営者の多さはもとより, 共産主義国にも, 本来ありえない, 血族王制としかみえぬ政治が登場したりするのをみると, 私は人間もたぶんに動物的過去をもっていると思う. しかし, だからといってこれを肯定するのでなく, それを認識することによって抑制するための法制・教育・文化的方法を整備することもできよう. ……事実を知ることによってこそ, 三権分立・少数意見発表権, 政治家の定年制, 国家元首の地位の親戚相続の禁

止等々の，不信の論理に基づく社会制度の確立をもっと進めることができると思うのである．

事実を無視するのでなく，事実を認めたうえで将来の方向を模索すべきなのだ．私は人間社会学の研究者の方々に，こういう見方から社会生物学を学ばれることを期待したい．

9-4　新しい動き：人間心理学と社会生物学

人間心理学と社会生物学との間にはかつては全く交流がなかったが，アメリカに本部を置く人間行動進化学会（Human Behavior and Evolution Society）の設立を機に，人間心理の進化を生物学，社会学の両方の観点を組み合わせつつ研究しようという動きが強くなってきた．おくれていた日本でも，東大総合文化研究科心理学研究室の長谷川寿一氏らを中心に統合の試みが始まり，雑誌『科学』（岩波書店）の特集「人間のこころの進化」（67巻4号 1997年）や単行本『進化と人間行動』（長谷川寿一・長谷川眞理子，2000）が発行された．それらの中では，人間の社会行動，社会心理において進化生物学的見方が新しい視野を開くことが示されている．人文・自然科学者が参加する人間行動進化の学会もできた．

以下に私自身が面白いと思った外国での研究例いくつかをあげよう．

ガブラ族（Gabbra）はラクダを連れて生活する遊牧者である．ラクダは家族の一番重要な財産で，男の子が相続する．したがってラクダの数で家族の財産の大きさをあらわせる．家族は原則として一夫一妻である．ロンドン大学人類学部の Mace (1996a) は社会生物学の国際誌に出した論文で家族がもつラクダの数が多いほど妻が産む子の数が多いことを報告した．また息子の数が増えるほどそのあとに産む子の数は減るが，娘の数の影響はほとんどないことを示した．また Mace (1996b) はこの民族で何人かの子がいる親がさらに子をつくるかどうかを決定する過程を調べた．進化理論によれば適応度最大化は繁殖できるまで育った子の数に依存する．追加の子をつくるかどうかには，それを産み，育てる資金と，それまでに育てた子を結婚させるための資金の両方が関係している．約5000家族の研究から，追加の子をつくるかどうかの決定には，すでにいる息子の数が娘の数よりずっと強く影響することがわかった．これはラクダを受け継ぐのが息子であることから，当然であろう．また閉経した

妻をもつ男が再婚するか否かも，最初の妻が生んだ息子の数に強く依存していた．これらのことから Mace (1996b) は，進化学説は人間の繁殖戦略の解明にとって役立つ理論体系だと結論している．

Mulder (1988) はケニアのキプシグ族において婿の親が嫁の親に支払う結婚支払（結納 bridewealth）を 267 の結婚例について調査した．この部族は農耕・畜産者で，結納は牛（平均 6 匹），山羊（平均 6 匹）および金銭（平均 450 ポンド）である．調査の結果，結納の額は嫁の初経（最初の月経；この 1～2 年後で割礼がなされる）が早いか，身体が太っていると多く，嫁の実家が婚家から遠くにあるほど多いことがわかった．婿の家が嫁の家より金持ちだと妊娠経験のある嫁への結納は少ないが，嫁の家が金持ちだと妊娠経験のある嫁にも多くの結納が払われることもわかった．しかし婿の家と嫁の家の財産の違いは嫁の初経年齢や体格ほどの強い影響はなかった．嫁の生涯繁殖成功は初経が早いほど大きく，太った嫁ほど大きい．また太った嫁は労働力がすぐれており，実家が近いと実家の母に労働提供を行うが，実家が遠いとそれがなく，婚家のためにのみ労働することがわかった．以上のことから Mulder はキプシグの婚姻にとっては生涯繁殖成功と労働力供給が重要な要因だと結論している．アフリカの異なる人間社会の比較研究において，以前には民族心理の違いが最も重視されてきたが，この研究は生物学的適応度に関与する要因の違いの研究が重要であることを示すと著者はいっている．

Buss (1989) は世界の 33 カ国 37 民族で配偶者選択の要因を調べた（調査人数 10,047 人）．調べたのは年齢，宗教，兄弟または姉妹の数，結婚年齢，家計，童貞か処女かなどである．その結果，南米，北米，アジアは西欧より結婚相手の財産や金儲けの能力が重要で，スペイン人以外のすべての民族で女のほうが財力をより高く評価していた．勤勉さについてはアフリカ，南米の多くの民族と中国人，台湾人で両性とも高い評価を示したが，西欧の多くの民族では強い関係を示さなかった．男はすべての民族で若い嫁を好んだが，女は少し年上の婿（一夫多妻傾向が強い民族ではだいぶ年上の婿）を好んだ．これは若い嫁は高い繁殖能力をもつことによる．また多くの民族で男のほうが相手の貞節を大きく評価した．全体的に女にとって結婚相手選択上の一番の問題は男の財力ないし金儲けの能力であり，男にとっては繁殖力とみられた．

Buss は Trivers (1972) の考えを引用している．彼によると性淘汰はオスとメスが自分の子たちにどれだけの投資をできるかと関連して働く．動物では普

通オスの投資はメスのそれよりずっと少ないが，人間では男は家計を担うので男女差は他の動物より小さい．彼によればオスの配偶者選択にかかわる要因は(1) 配偶するメスと子への物質的な利益，(2) 得られた社会・経済的利益による子孫の繁殖能力の向上，(3) 遺伝的利益であるが，人間では金儲け能力も重要だろうという．

結論として Buss は上記の研究結果は Trivers の予測と一致しており，人間の心理，行動，社会構造などの研究に進化的観点をもっと取り入れることが重要だと書いている．

もちろん人間社会学の研究への社会生物学の取り込みを批判する社会学者も多い．これについては Behavioral Science Vol. 24 (1979) の p. 37-71 に出ている Campbell, Blute および Busch の論説を参照されたい．

参考文献

著者名のA, B, C順に配列したが，邦訳書は原著者名の位置に入れた（例：フルディもハーディもHrdyの場所）．著者名がゴチックとしてあるのは入門に適した本で，その中の論文は本文中に引用してあっても明示してないことがある．原著はこれらの本を参照されたい．また邦訳のある本は邦訳の題名のみを示した．

Alcock, J. 2001（オルコック，ジョン，長谷川眞理子訳，2003）『社会生物学の勝利』新曜社．
Altmann, J., Hausfater, G. & Altmann, S. A. (1988) Determinants of reproductive success in savannah baboons, *Papio cynocephalus*. In: Clutton-Brock, T. H. (ed.) *Reproductive Success: Studies of Individual Variation in Contrasting Breeding Systems*. University of Chicago Press, Chicago, pp. 403-418.
Andersson, M. (1982) Female choice selects for extreme tail length in a widowbird. *Nature* **299**: 818-820.
Andersson, M. (1994) *Sexual Selection*. Princeton University Press, Princeton, NJ.
Aoki, S. (1977) *Colophina clematis* (Homoptera: Pemphigidae), an aphid species with "soldiers". *Konchû* **45**: 276-282.
青木重幸（1984）『兵隊を持ったアブラムシ』どうぶつ社．
青木重幸（2000）社会性．石川 統（編）『アブラムシの生物学』東京大学出版会, pp. 309-329.
Aoki, S. (2003) Soldiers, altruistic dispersal and its consequences for aphid societies. In: Kikuchi, T., Azuma, N. & Higashi, S. (eds.) *Genes, Behaviors and Evolution of Social Insects*. Hokkaido University Press, pp. 201-215.
Aoki, S. & Makino, S. (1982) Gall usurpation and lethal fighting among fundatrices of the aphid *Epipemphigus niisimae* (Homoptera: Pemphigidae). *Kontyû* **50**: 365-376.
Arnqvist, G. & Rowe, L. (2005) Sexual Conflict. Princeton University Press, Princeton, UP.
Avilés, L. (1997) Causes and consequences of cooperation and permanent-sociality in spiders. In: Choe, J. C. & Crespi, B. J. (eds.) *The Evolution of Social Behavior in Insect and Arachnids*. Cambridge University Press, pp. 476-498.
Baker, R. R. 1996（ベイカー，秋山百合子訳，1997）『精子戦争』河出書房新社．
Baker, R. R. & Bellis, M. A. (1988) 'Kamikaze' sperm in mammals. *Animal Behaviour* **36**: 936-939.
Baker, R. R. & Bellis, M. A. (1989) Elaboration of Kamikaze sperm hypothesis in a reply to Harcourt. *Animal Behaviour* **37**: 865-867.
Baker, R. R. & Bellis, M. A. (1995) *Human Sperm Competition*. Chapman & Hall.
Balmford, A. & Reed, A. (1991) Testing alternative models of sexual selection through female choice. *Trends in Ecology and Evolution* **6**: 274-276.
Balshine-Earn, S. & Earn, D. J. D. (1997) An evolutionary model of parental care in St. Peter's fish. *Journal of Theoretical Biology* **184**: 423-431.
Basolo, A. L. (1990) Female preference predates the evolution of the sword in swordtail fish. *Science* **250**: 808-810.
Birkhead, T. 2000（バークヘッド，ティム，小田 亮・松本晶子訳 2003）『乱交の生物学 精子競争と性的葛藤の進化史』新思索社．

Birkhead, T. & Møller, A. P. (1993) Female control of paternity. *Trends in Ecology and Evolution* **8**: 100-104.

Boorman, E. & Parker, G. A. (1976) Sperm (ejaculate) competition in *Drosophila melanogaster*, and reproductive value of females to males in relation to female age and mating status. *Ecological Entomology* **1**: 145-155.

Brown, J. L. (1978) Avian communal breeding systems. *Annual Review of Ecology and Systematics* **9**: 123-155.

Brown, J. L. (1987) *Helping and Communal Breeding in Birds: Ecology and Evolution*. Princeton University Press, Princeton, NJ.

Burland, T. M., Bennett, N. C., Jarvis, U. M. & Faulkes, C. G. (2002) Eusociality in African mole-rats: new insights from patterns of genetic relatedness in the Damaraland mole-rat (*Cryptomys damerensis*). *Proceedings of the Royal Society of London, B.* **269**: 1025-1030.

Buss, D. M. (1989) Sex differences in human mate preferences: Evolutionary hypotheses tested in 37 cultures. *Behavioral and Brain Sciences* **12**: 1-14.

Chapman, T. W., Crespi, B. J., Kranz, B. D. & Schwarz, M. P. (2000) High relatedness and inbreeding at the origin of eusociality in gall-inducing thrips. *Proceedings of National Academy of Sciences* **97**: 1648-1650.

Chen, P. S., Stumm-Zollinger, E., Aigaki, T., Balmer, J., Bienz, P. & Bôhlen, P. (1988) A male accessory gland peptide that regulates reproductive behavior of female *Drosophila melanogaster. Cell* **54**: 292-298.

Choe, J. C. & Crespi, B. J. (1997a) *The Evolution of Social Behavior in Insects and Arachnids.* Cambridge University Press, Cambridge UK.

Choe, J. D. & Crespi, B. J. (1997b) *The Evolution of Mating Systems in Insects and Arachnids.* Camridge University Press.

Christy, J. H. (1988) Pillar function in the fiddler crab *Uca beebei*, II. Competitive courtship signaling. *Ethology* **78**: 113-128.

Clutton-Brock, T. H. (ed.) (1988) *Reproductive Success: Studies of Individual Variation in Contrasting Breeding Systems.* University of Chicago Press, Chicago.

Clutton-Brock, T. H., Albon, S. D. & Guinness, F. E. (1984) Maternal dominance, breeding success and birth sex ratios in red deer. *Nature* **308**: 358-360.

Clutton-Brock, T. H., Albon, S. D. & Guinness, F. E. (1988) Reproductive success in male and female red deer. In: Clutton-Brock, T. H. (ed.) *Reproductive Success: Studies of Individual Variation in Contrasting Breeding Systems.* University of Chicago Press, Chicago.

Clutton-Brock, T. H. & Iason, G. R. (1986) Sex ratio variation in mammals. *Quarterly Review of Biology* **61**: 339-374.

Clutton-Brock, T. H. & Parker, G. A. (1992) Potential reproductive rates and the operation of sexual selection. *Quartrerly Review of Biology* **67**: 437-456.

Clutton-Brock, T. H. & Vincent, A. C. J. (1991) Sexual selection and the potential reproductive rates of males and females. *Nature* **351**: 58-60.

Cook, D. A. & Wedell, N. (1999) Non-fertile sperm delay female remating. *Nature* **397**: 486.

Crespi, B. J. & Mound, L. A. (1997) Ecology and evolution of social behavior among Australian gall thrips and their galls. In: Choe, J. C. & Crespi, B. J. (eds.) *The Evolution of Social Behavior in Insects and Arachnids.* Cambridge University Press, pp. 166-180.

Cruz, Y. P. (1981) A sterile defender morph in a polyembryonic hymenopterous parasite. *Nature* **294**: 446-447.

Cruz, Y. P. (1986) The defender role in the precocious larvae of *Copidosomopsis tanytmemus*

Caltagirone (Encyrtidae, Hymenoptera). *Journal of Experimental Zoology* **237**: 309-318.

Curtin, R. A. & Dolhinow, P. (1978) Primate social behavior in a changing world. *American Scientist* **66**: 468-475.

Darwin, C. 1859（ダーウィン，C.，八杉龍一訳，1990）『種の起源』，岩波文庫．

Darwin, C. 1877（ダーウィン，C.，長谷川眞理子訳，2000）『人間の進化と性淘汰，I，II』文一総合出版．

Drummond III, B. A. (1984) Multiple mating and sperm competition in the Lepidoptera. In: Smith, R. L. (ed.) *Sperm Competition and the Evolution of Animal Mating Systems*. Academic Press, NY, pp. 291-370.

Duffy, J. E.（ダフィー，J. E.，東 典子訳，2003）真社会性テッポウエビの生態と進化．遺伝別冊 No. 16『動物の社会行動』16-33．

Duffy, J. E. (2003) The ecology and evolution of eusociality in sponge-dwelling shrimp. In: Kikuchi, T., Azuma, N. & Higashi, S. (eds.) *Genes, Behaviors and Evolution of Social Insects*. Hokkaido University Press, pp. 217-252.

Dybas, H. S. (1978) Polymorphism in featherwing beetles, with a revision of the genus *Ptinelloides* (Coleoptera: Ptiliidae). Annals of Entomological Society of America **71**: 695-714.

Eberhard, W. G. (1996) *Female Control: Sexual Selection by Cryptic Female Choice*. Princeton University Press, Princeton, NJ.

Emlen, S. T. (1991) Evolution of cooperative breeding in birds and mammals. In: Krebs, J. R. & Davies, N. B. (eds.) *Behavioural Ecology: An Evolutionary Approach, Third ed.*, pp. 301-337.（クレブス・デイビス，山岸・巌佐監訳 1994,『進化からみた行動生態学』蒼樹書房，第 10 章）

Emlen, S. T. (1997) When mothers prefer daughters over sons. *Trends in Ecology and Evolution* **12**: 291-292.

Emlen, S. T. & Wrege, P. H. (1989) A test of alternate hypotheses for helping behavior in white-fronted bee-eaters of Kenya. *Behavioral Ecology and Sociobiology* **23**: 303-320.

Evans, J. P., Zane, L., Francescato, S. & Pilastro, A. (2003) Directional post copulatory sexual selection revealed by artificial insemination. *Nature* **421**: 360-363.

Fisher, R. F. (1930) *The Genetical Theory of Natural Selection*. Clarendon Press, Oxford.（1958年 Dover 社から2版発行）

Fujioka, M. (1985) Sibling competition and siblicide in asynchronously-hatching broods of the cattle egret *Bubulcus ibis*. *Animal Behaviour* **33**: 1228-1242.

藤岡正博（1992）鳥類における子殺し．伊藤嘉昭（編）『動物社会における共同と攻撃』東海大学出版会，pp. 111-160．

Gadagkar, R. (2001) *The Social Biology of* Ropalidia marginata: *Toward Understanding the Evolution of Eusociality*. Harvard University Press, Cambridge, MS.

Gadagkar, R., Chandrashekara, K. & Chandran, S. (1991) Worker-brood genetic relatedness in a primitively eusocial wasp. *Naturwissenschaften* **78**: 523-526.

Ginsberg, J. R. & Huck, U. W. (1989) Sperm competition in mammals. *Trends in Ecology and Evolution* **4**: 74-79.

Giron, D., Dunn, D. W., Hardy, I. C. W. & Strand, M. R. (2004) Aggression by polyembryonic wasp soldiers correlates with kinship but not resource competition. *Nature* **430**: 676-679.

後藤　晃・前川光司（編）(1989)『魚類の繁殖行動　その様式と戦略をめぐって』東海大学出版会．

Gosling, L. M. (1986) Selective abortion of entire litters in the coypu: Adaptive control of offspring production in relation to quality and sex. *American Naturalist* **122**: 772-795.

Gross, M. R. & Charnov, E. L. (1980) Alternative male life histories in bluegill sunfish. *Proceedings of National Academy of Sciences, USA* **77**: 6937-6940.

Hamilton, W. D. (1964) The genetical evolution of social behaviour, 1, 2. *Journal of Theoretical Biology* **7**: 1-52.

Hamilton, W. D. (1967) Extraordinary sex ratios. *Science* **156**: 477-488.

Hamilton, W. D. (1972) Altruism and related phenomena, mainly in social insects. *Annual Review of Ecology and Systematics* **3**: 193-232.

Hamilton, W. D. (1978) Evolution and diversity under bark. In: Mound, L. A. & Waloff, N. (eds.) *Diversity of Insect Faunas. Symposia of the Royal Entomological Society of London, No.9*: 154-175.

Hamilton, W. D. (1979) Wingless and fighting males in fig wasps and other insects. In: Blum, M. S. & N. A. (eds.) *Sexual Selection and Reproductive Competition in Insects*. Academic Press. NY, pp. 167-220.

ハミルトン，W. D.（1991）虫との日々：埋葬の計画.『インセクタリウム』1991年7月号.（これは長いこと日本人だけが読むことができた自伝で，長谷川眞理子編『虫を愛し，虫に愛された人　理論生物学者W. ハミルトン　人と思索』文一総合出版に再録されている）

Hamilton, W. D. (1995) *Narrow Roads of Gene Land. Vol. 1. Evolution of Social Behaviour*. W. H. Freeman, Oxford.

Hamilton, W. D. (2001) *Narrow Roads of Gene Land. Vol. 2, Evolution of Sex*. Oxford University Press, Oxford.

Hamilton, W. D. & Zuk, M. (1982) Heritable true fitness and bright birds: A role for parasites? *Science* **218**: 384-387.

長谷川寿一（1992）雌にとっての乱婚――チンパンジーとニホンザルを中心として――. 伊藤嘉昭（編）『動物社会における共同と攻撃』東海大学出版会, pp. 223-250.

長谷川寿一・長谷川眞理子（2000）『進化と人間行動』東京大学出版会.

長谷川眞理子（1992）．霊長類の子殺しをめぐる諸問題. 伊藤嘉昭（編）『動物社会における共同と攻撃』東海大学出版会, pp. 185-222.

長谷川眞理子（1996）『雄と雌の数をめぐる不思議』NTT出版.

長谷川眞理子（2004）『動物の行動生態』放送大学教育振興会.（一般の書店にはないが，大学生協の書店を探すとよい）

長谷川眞理子（2005）『クジャクの雄はなぜ美しい？　増補改訂版』紀伊國屋書店.

Hausfater, G. & Hrdy, S. B. (1984) *Infanticide: Comparative and Evolutionary Perspectives*. Aldine Publishing, NY.

早川洋一（2005）受精能力をもたない精子――異型精子研究の現在. 生物科学 56: 164-178.

He, Y. & Tsubaki, Y. (1991) Effects of sperm number in relation on female remating in the armyworm, *Pseudaletia separata*, with special reference to larval crowding. *Journal of Ethology* **9**: 47-50.

He, Y. & Miyata, T. (1997) Variations in sperm number in relation to larval crowding and spermatophore size in the armyworm, *Pseudaletia separata*. *Ecological Entomology* **22**: 41-46.

Hibino, Y. & Iwahashi, O. (1989) Mating receptivity of wild females for wild type males and mass-reared males in the melon fly, *Dacus cucurbitae* Coquillett (Diptera: Tephritidae). *Applied Entomology and Zoology* **24**: 152-154.

Hibino, Y. & Iwahashi, O. (1991) Appearance of wild females unreceptive to sterilized 9/21/2005 *cucurbitae* Coquillett (Diptera: Tephritidae). *Applied Entomology and Zoology* **26**: 265-270.

東　和敬・生方秀紀・椿　宣高（1987）『トンボの繁殖システムと社会構造』東海大学出版会.
Hiraiwa-Hasegawa, M. (1988) Adaptive significance of infanticide in Primates. *Trends in Ecology and Evolution* **3**: 102-105.
Holland, B. & Rice, W. R. (1998) Perspective: Chase-away sexual selection: Antagonistic seduction versus resistance. *Evolution* **52**: 1-7.
Hrdy, S. B. (1974) Male-male competition and infanticide among langurs (*Presbites entellus*) on Abu, Rajasthan. *Folia Primatologica* **22**: 19-58.
Hrdy, S. B. (1981)（フルディ，サラ・ブラッファー，加藤泰建・松本亮三訳，1989）『女性の進化論』思索社.
Hrdy, S. B. (1999)（ハーディー，サラ・ブラファー，塩原通緒訳，2005）『マザー・ネイチャー　上，下』早川書房.
Huxley, J. S. (1938) The present standing of the theory of sexual selection. In: de Beer, G. R. (ed.) *Evolution: Essays on Aspects of Evolutionary Biology presented to Professor E. S. Goodrich on his Seventieth Birthday.* Clarendon Press, pp. 11-42.
池田　啓（1955）食肉目の社会構造とヘルピングの例．個体群生態学会会報，40号，24-34.
伊藤嘉昭（1976）『狩りバチの社会進化：協同的多雌性仮説の提唱』東海大学出版会.
伊藤嘉昭（1978）『比較生態学　第2版』岩波書店.
伊藤嘉昭（1979）Sociobiology の波紋．科学 **49**: 144-147.
Itô, Y. (1989) The evolutionary biology of sterile soldiers in aphids. *Tends in Ecology and Evolution* **4**: 69-73.
Itô, Y. (1993) *Behaviour and Social Evolution of Wasps: The Communal Aggregation Hypothesis.* Oxford University Press, Oxford.
伊藤嘉昭（2002）真社会性昆虫とくにアシナガバチ亜科における多女王制をめぐる諸問題．日本生態学会誌 52: 355-371.
Itô, Y., Yamauchi, K. & Tsuchida, K. (1997) Reproductive condition of females in some swarm-founding wasps in Panama, as compared with some independent-founding species (Hymenoptera: Vespidae). *Sociobiology* **25**: 269-276.
伊藤嘉昭・垣花廣幸（1998）『農薬なしで害虫とたたかう』岩波ジュニア新書.
巌佐　庸（1981）『生物の適応戦略』サイエンス社.
巌佐　庸（1990）美の進化：性淘汰のパラドックス．『数理科学』1990年8月号.
巌佐　庸（1992）進化における性の役割．柴谷篤弘・長野　敬・養老孟司（編）『講座　進化7　生態学からみた進化』東京大学出版会，pp. 125-171.
Iwasa, Y., Pomiankowski, A. & Nee, S. (1991) The evolution of costly mate preference II. The handicap principle. *Evolution* **45**: 1031-1042.
岩田久仁雄（1940）『蜂の生活』弘文堂.
Iwata, K. (1942) Comparative studies on the habits of solitary wasps. *Tenthredo* **4**: 1-146.
岩田久仁雄（1971）『本能の進化――蜂の比較習性学的研究』真野書店．（絶版で入手困難だが次の英訳もある：*Evolution of Instinct: Comparative Ecology of Hymenoptera.* Ameroid Pupblishing, New Delhi）
Jarvis, J. U. M. (1981) Eusociality in a mammal: Cooperative breeding in naked mole-rat colonies. *Science* **212**: 571-573.
Johnson, P. C. D., Whitfield, J. A., Foster, W. A. & Amos, W. (2002) Clonal mixing in the soldier-producing aphid *Pemphigus spyrothecae* (Homoptera: Aphididae). *Molecular Ecology* **11**: 1525-1531.
Kamimura, Y. (2000) Possible removal of rival sperm by the elongated genitaria of the earwig, *Euborellia plebeja. Zoological Science* **17**: 667-672.

Kamimura, Y. (2003) Effects of repeated mating and polyandry on the fecundity, fertility and maternal behaviour of female earwigs, *Euborellia plebeja. Animal Behaviour* **65**: 205-214.

粕谷英一（1992）社会生物学と新型のオールドタイプの人間論：竹内久美子批判．現代思想 **20**: 149-155.

Kent, D. S. & Simpson, J. A. (1992) Eusociality in the beetle *Austroplatypus incompertas* (Coleoptera: Curculionidae). *Naturwissenschaften* **79**: 85-87.

Kinomura, K. & Yamauchi, K. (1987) Fighting and mating behaviors of dimorphic males in the ant, *Cardiocondyla wroughtoni. Journal of Ethology* **5**: 75-81.

Kirkendall, L. A., Kent, D. S. & Raffa, K. A. (1997) Interactions among males, females and offspring in bark and ambrosia beetles: the significance of living in tunnels for the evolution of social behavior. In: Choe, J. C. & Crespi, B. J. (eds.) *The Evolution of Social Behavior in Insects and Arachnids.* Cambridge University Press, pp. 181-215.

Kleiman, D. (1977) Monogamy in mammals. *Quarterly Review of Biology* **52**: 39-69.

小北智之（2001）テングカワハギの配偶システムをめぐる雌雄の駆け引き．桑村哲生・狩野賢司（編）『魚類の社会行動　1』海游舎，pp. 41-81.

Kokita, T. & Nakazono, A. (2001) Sexual conflict over mating system: the case of a pair-territorial file fish without parental care. *Animal Behavoiour* **62**: 147-155.

Komdeur, J., Daan, S., Tinbergen, J. & Mateman, C. (1997) Extreme adaptive modification in sex ratio of the Seychelles warbler's eggs. *Nature* **385**: 522-525.

Komdeur, J., Magrath, M. J. L. & Krackow, S. (2002) Pre-ovulation control of hatchling rex ratio in the Seychelles warbler. *Proceedings of the Royal Society of London, B.* **269**: 1067-1072.

Krackow, S. (1995) Potantial mechanisms for sex ratio adjustment in mammals and birds. *Biological Reviews* **70**: 225-241.

Krebs, J. R. & Davies, N. B. (1991)（クレブス，J. R., デイビス，N. B., 山岸　哲・巌佐庸監訳，1994）『進化からみた行動生態学』蒼樹書房．

Kudo, K., Tsujita, S., Tsuchida, K., Goi, W., Yamane, S., Mateus, S., Itô, Y., Miyano, S. & Zucchi, R. (2005) Stable relatedness structure of the large-colony swarm-founding wasp *Polybia paulista. Behavioral Ecology and Sociobiology* **58**: 27-35.

Kura, T. & Nakashima, Y. (2000) Conditions for the evolution of soldier sperm classes. *Evolution* **54**: 72-80.

Kurosu, U., Nishitani, I. & Itô, Y. (1995) Defenders of the aphid *Nipponaphis distyliicola* (Homoptera) in its completely closed gall. *Journal of Ethology* **13**: 133-136.

桑村哲生・中嶋康裕（編）（1996, 1997）『魚類の繁殖戦略，1, 2』海游舎．

桑村哲生・狩野賢司（編）（2001）『魚類の社会行動　1』海游舎．（編者が違うが3まであり，いずれも魚の行動生態学入門として役立つ）

Lack, D. (1968) *Ecological Adaptations for Breeding in Birds.* Methuen, London.

Ligon, J. D. & Ligon, S. H. (1990) Green woodhoopoes: Life history traits and sociality. In: Stacey P. B. & Koenig, W. D. (eds.) *Cooperative Breeding in Birds: Long-term Studies of Ecology and Behavior.* Cambridge University Press, Cambridge, MS., pp. 369-410.

Lin, N. & Michener, C. D. (1972) Evolution of eusociality in insects. *Quarterly Review of Biology* **47**: 131-159.

McFarland Symington, M. (1987) Sex ratio and maternal rank in wild spider monkeys: when daughters disperse. *Behavioral Ecology and Sociobiology* **20**: 421-425.

Mace, R. (1996a) Biased parental investment and reproductive success in Gabbra pastoralists. *Behavioural Ecology and Sociobiology* **38**: 75-81.

Mace, R. (1996b) When to have another baby: A dynamic model of reproductive decision-making and evidence from Gabbra pastoralists. *Ethology and Sociobiology* **17**: 263-273.

Maekawa, K. & Hino, T. (1987) Effect of cannibalism on alternative life histories in charr. *Evolution* **41**: 1120-1123.

Malcolm, J. R. & Marten, K. (1982) Natural selection and the communal rearing of pups in African wild dogs (*Lycaon pictus*). *Behavioral Ecology and Sociobiology* **10**: 1-13.

Masuko, K. (1986) Larval hemolymph feeding: a nondestructive parental cannibalism in the primitive ant *Amblyopone silvestrii* Wheeler (Hymenoptera: Formicidae). *Behavioral Ecology and Sociobiology* **19**: 249-255.

増子恵一（1988）ムカシアリの生態，1，2．『インセクタリウム』1988 年 8 月号，9 月号．

Matsumoto, T. (1993) The effect of copulating plug in the funnel-web spider. *Agelena limbata* (Araneae: Agelenidae). *Journal of Arachnology* **21**: 55-59.

松本忠夫・東　正剛（編著）（1993）『社会性昆虫の進化生態学』海游舎．

松浦健二（2005）真社会性昆虫の社会と性．日本生態学会誌 **55**: 227-241.

Maynard Smith, J. (1974) The theory of games and the evolution of animal conflicts. *Journal of Theoretical Biology* **47**: 209-221.

Maynard Smith, J. (1977) Parental investment: A prospective analysis. *Animal Behaviour* **25**: 1-9.

Maynard Smith, J. 1982（メイナード・スミス，J.，寺本　英・梯　匡之訳，1985）『進化とゲーム理論』蚕業図書．

Michener, C. D. (1974) *The Social Behavior of Bees: A Comparative Study*. Berknap Press of Harvard University Press, Cambridge, MS.

Milinski, M. & Bakker, T. C. M. (1990) Female sticklebacks use male coloration in mate choice and hence avoid parasitized males. *Nature* **344**: 330-333.

Milne, L. J. & Milne, M. J. (1976) The social behavior of burying beetles. *Scientific American* **235**: 84-89.

三浦慎悟（1998）哺乳類の生物学　4　社会．東京大学出版会．

Moehlman, P. D. (1979) Jackal helpers and pup survival. *Nature* **277**: 382-382.

Morris, M. R., Wagner Jr, W. E. & Ryan, M. J. (1996) A negative correlation between trait and mate preference in *Xiphophorus pygmaeus*. *Animal Behaviour* **52**: 1193-1203.

Mulder, M. B. (1988) Kipsig's bridewealth payments. In: Betzig, L., Mjlder, M. B. & Turke, P. (eds.) *Human Reproductive Behaviour: A Darwinian Perspective*. Cambridge University Press, Cambridge, pp. 65-82.

中村雅彦（2002）鳥類における乱婚の意義．山岸　哲・樋口廣芳（編）『これからの鳥類学』裳華房．

Oates, J. F. (1977) The social life of a black-and-white colobus monkey, *Colobus guereza*. *Zeitschrift für Tierpsychologie* **45**: 1-60.

O'Conner, F. J. (1978) Brood reduction in birds: selection for fratricide, infanticide and suicide? *Animal Behaviour* **26**: 79-96.

Oddie, K. (1998) Sex discrimination before birth. *Trends in Ecology and Evolution* **13**: 130-131.

岡ノ谷一夫（2003）『小鳥の歌からヒトの言葉へ』岩波科学ライブラリー．

Olsson, M., Shine, R., Madsen, T., Gullberg, A. & Tegelström, H. (1996) Sperm selection by females. *Nature* **383**: 585.

Ono, T., Siva-Jothy, M. T. & Kato, A. (1989) Removal and subsequent ingestion of rival's semen during copulation in the tree cricket. *Physiological Entomology* **14**: 195-202.

Packer, C. & Pusey, A. E. (1982) Cooperation and competition within coalitions of male lions: kin selection or game theory? *Nature* **296**: 740-742.

Pardi, L. (1948) Dominance order in *Polistes* wasps. *Physiological Zoology* **21**: 1-13.
Pomiankowski, A., Iwasa, Y. & Nee, S. (1991) The evolution of costly mate preference I. Fisher and biased mutation. *Evolution* **45**: 1422-1430.
Queller, D. C. & Strassmann, J. E. (1998) Kin selection and social insects. *BioScience* **48**: 165-175.
Queller, D. C., Strassmann, J. E. & Hughes, C. R. (1988) Genetic relatedness in colonies of tropical wasps with multiple queens. *Science* **242**: 1155-1157.
Queller, D. C., Zacchi, F., Caryo, R., Turillazzi, S., Henshaw, M. T. Sontorelli, L. A. & Strassmann, J. E. (2000) Unrelated helpers in a social insect. *Nature* **405**: 784-787.
Queller, D. C., Foster, K. R., Fortunato, A. & Strassmann, J. E. (2003) Cooperation and conflict in the social amoeba, *Dictyostelium discoideu*m. In: Choe, J. C. & Crespi, B. J. (eds.) *The Evolution of Social Behavior in Insects and Arachnids*. Cambridge University Press, pp. 173-200.
Ryan, M. J., Fos, J. H., Wilczynski, W. & Rand, A. S. (1990) Sexual selection for sensory exploitation in the frog *Physalemus pustulosus*. *Nature* **343**: 66-67.
Saito, Y. (1986) Biparental defence in spider mite (Acari: Tetranychidae) infesting *Sasa* bamboo. *Behavioral Ecology and Sociobiology* **18**: 377-386.
斉藤　裕（編著）（1998）『親子関係の進化生態学　節足動物の社会』北海道大学出版会.
坂上昭一（1970）『みつばちのたどった道』思索社.
坂上昭一（1992）『ハチの家族と社会』中公新書.
Sakagami, S. F. & Hayashida, K. (1960) Biology of primitively social bee, *Halictus duplex* Dalla Torre. II. Nest structure and immature stages. *Insectes Sociaux* **7**: 57-98.
Schaller, G. B. (1973) *The Serengeti Lion*. University of Chicago Press, Chicago.
Sherman, P. W., Jarvis, J. U. M. & Alexander, R. D. (eds) (1991) *The Biology of the Naked Mole-rat*. Princeton University Press, Princeton, NJ.
柴尾晴信・沓掛磨也子・深津武馬（2003）ゴールをつくる兵隊アブラムシの社会行動とカースト分化――ハクウンボクハナアブラムシの場合．遺伝別冊 No. 16『動物の社会行動』, 51-57.
Silberglied, R. E., Sheperd, J. G. & Dickinson, J. L. (1984) Eunuchs: The role of apyrene sperm in Lepidoptera? *American Naturalist* **123**: 255-264.
嶋田正和・山村則男・粕谷英一・伊藤嘉昭（2005）『動物生態学　新版』海游舎.
Simmons, L. W. (2001) *Sperm Competition and Its Evolutionary Consequences in the Insects*. Princeton University Press, Princeton, NJ.
Sinha, A., Premnath, S., Chandrasekara, K. & Gadagkar, R. (1993) *Ropalidia rufoplagiata*: a polistine wasp society probably lacking permanent reproductive division of labour. *Insectes Sociaux* **40**: 69-86.
Smith, R. L. (ed.) (1984) *Sperm Competition and the Evolution of Animal Mating Systems*. Academic Press, NY.
Snook, R. R. (2005) Sperm in competition: not playing by the numbers. Trends in Ecology and Evolution 20: 46-53.
Stern, D. L. & Foster, W. A. (1996) The evolution of soldiers in aphids. *Biological Reviews* **71**: 27-79.
Strassmann. J. E., Hughes, C. R., Queller, D. C., Turillazzi, S., Cervo, R., Davis, S. K. & Goodnight, K. F. (1989) Genetic relatedness in primitively eusocial wasps. *Nature* **342**: 268-270.
Sugiyama, Y. (1965) On the social change of hanuman langurs (*Presbytis entellus*) in their natural

condition. *Primates* **6**: 381-418.
Sugiyama, Y. (1966) An artificial social change in a hanuman langur troop (*Presbytes entellus*). *Primates* **7**: 41-72.
Sugiyama, Y. (1967) Social organization of hanuman langurs. In: Altmann, S. (ed.) *Social Communications among Primates*. University of Chicago Press, Chicago, pp. 221-236.
杉山幸丸（1966）『子殺しの行動学』北斗出版.
Suzuki, Y. & Iwasa, Y. (1980) A sex ratio theory of gregarious parasitoids. *Researches on Population Ecology* **22**: 366-382.
Suzuki, A. (1991) Carnivority and cannibalism among forest-living chimpanzees. *Journal of Anthropological Society of Nippon* **79**: 30-48.
Tallamy, D. W., Powell, B. E. & McClafferty, J. A. (2002) Male traits under cryptic female choice in the spotted cucumber beetle (Coleoptera: Chrysomelidae). *Behavioral Ecology and Sociobiology* **13**: 511-518.
Taylor, V. A. (1981) The adaptive and evolutionary significance of wing polymorphism and parthenogenesio in *Ptinella* Motschulsky (Coleoptera: Ptilidae). *Ecological Entomology* **6**: 89-98.
Teruya, T. & Isobe, K. (1982) Sterilization of the melon fly, *Dacus cucurbitae* Coquillett (Diptera: Tephritidae), with gamma radiation: Mating behaviour and fertility of females alternately mated with normal and irradiated males. *Applied Entomology and Zoology* **17**: 111-118.
Thornhill, R. (1980) Mate choice in *Hylobittacus apicalis* (Insecta: Mecoptera) and its relation to some models of female choice. *Evolution* **34**: 519-538.
Thornhill, R. (1983) Cryptic female choice and its implications in the scorpion fly *Harpobittacus nigricaps*. *American Naturalist* **122**: 765-788.
Thornhill, R. & Alcock, J. (1983) *The Evolution of Insect Mating Systems*. Harvard University Press, Cambridge, MS.
Trivers, R. L. (1972) Parental investment and sexual selection. In: Campbell, B. (ed.) *Sexual Selection and the Descent of Man, 1871-1971*. Aldine-Atherton, Chicago, pp. 136-172.
Trivers, R. 1985（トリバーズ・ロバート，中嶋康裕・福井康雄・原田泰志訳，1991）『生物の社会進化』産業図書.
Trivers, R. L. & Hare, H. (1976) Haplodiploidy and the evolution of the social insects. *Science* **191**: 249-263.
Trivers, R, L. & Willard, D. E. (1973) Natural selection of parental ability to vary the sex ratio of offspring. *Science* **179**: 90-92.
Tsubaki, Y. & Ono, T. (1985) The adaptive significance of non-contact mate guarding by males of the dragonfly, *Nannophya pygmaea* Rambur (Odonata: Libellulidae). *Journal of Ethology* **3**: 135-141.
Tsubaki, Y., Siva-Jothy, M. T. & Ono, T. (1994) Re-copulation and post-copulatory mate guarding increase immediate female reproductive output in the dragon fly, *Nannophya pygmaea* Rambur. *Behavioral Ecology and Sociobiology* **35**: 219-225.
土田浩治（1996）生物集団の個体間血縁度の推定法——とくにアイソザイムデータに関連して．松本忠夫・東　正剛（編著）『社会性昆虫の進化生態学』海游舎，pp. 330-359.
Tsuchida, K., Itô, Y., Katada. & Kojima, J. (2000) Genetical and morphological colony structure of the Australian swarm-founding polistine wasp, *Ropalidia romandi* (Hymenoptra: Vespidae). *Insectes Sociaux* **47**: 113-116.
Tsuji, K. (1988) Intercolonial incompatibility and aggressive interactions in *Pristomyrmex pungens* (Hymenoptera: Formicidae). *Journal of Ethology* **6**: 77-81.

辻　和希 (1988) 女王のいないアリ：アミメアリの特異な生活. 『インセクタリウム』1988年10月号.
Tsuji, K. (1990) Reproductive division of labour related to age in the Japanese queenless ant *Pristomyrmex pungens*. *Animal Behaviour* **39**: 843-849.
辻　和希 (1992) アリにおける共同社会の進化と維持. 伊藤嘉昭 (監修)『動物社会における共同と攻撃』東海大学出版会, pp. 53-110.
Tsuji, K. (1992) Sterility for life: applying the concept of eusociality. *Animal Behaviour* **44**: 572-573.
Tsuji, K. (1995) Reproductive conflicts and levels of selection in the ant *Pristomyrmex pungens*: contextual analysis and partitioning of covariance. *American Naturalist* **146**: 586-607.
辻　和希 (2003) 粘菌などにみられる微生物の社会行動——動物とのアナロジー——. 遺伝別冊 No. 16『動物の社会行動』, 76-84.
Utunomiya, A. & Iwabuchi, K. (2002) Interspecific competition between the polyembryonic wasp *Copidosoma floridanum* and the gregarious endoparasitoid *Glyptapanteles pellipes*. *Entomologia Experimentalis et Applicata* **104**: 353-362.
Vollrath, F. (1986) Eusociality and extraordinary sex ratios of the social spider *Anelosimus eximius*. *Zeitschrift für Tierpsychlogie* **61**: 334-340.
Waage, J. K. (1979) Dual functions of the damselfly penis: Sperm removal and transfer. *Science* **203**: 910-918.
Warner, R. R. & Laerence. M. D. (2000) Courtship displays and coloration as indicators of safety rather than of male quality: the safe assurance hypothesis. *Behavioral Ecology* **11**: 444-451.
Watanabe, M., Bon'no M. & Hachisuka, A. (2000) Eupyrene sperm migrates to spermatheca after apyrene sperm in the swallowtail butterfly, *Papilio xuthus* L. (Lepidoptera: Papilionidae). *Journal of Ethology* **18**: 91-99.
Watanabe, M. & Hachisuka, A. (1995) Dynamics of eupyrene and apyrene sperm storage in ovipositing females of the swallowtail butterfly *Papilio xuthus* (Lepidoptera: Papilionidae). *Entomological Science* **8**: 65-71.
Watanabe, M., Wiklund, C. & Bonino, M. (1998) The effect of repeated mating on sperm numbers in successive ejaculates of the cabbage white butterfly, *Pieris rapae* (Lepidoptera: Pieridae). *Journal of Insect Physiology* **11**: 559-569.
渡辺　守・盆野峰崇 (2001) 多回交尾を行う蝶類の雌の体内における無核精子の役割. 生物科学 **53**: 113-122.
Wedell, N. & Cook, P. A. (1999) Butterflies tailor their ejaculate in response to sperm competition risk and intensity. *Proceedings of Royal Society of London, B* **266**: 1033-1039.
West, M. J. & Alexander R. D. (1963) Sub-social behavior in a burrow cricket *Anurogryllus muticus* (De Geer), Orthopotera Gryllidae. *Ohio Journal of Science* **63**: 19-24.
West-Eberhard, M. J. (1978) Temporary queens in *Metapolybia* wasps: Non-reproductive helpers without altruism? *Science* **200**: 441-443.
Wheeler, W. M. (1923) (ホィーラー, W. M., 渋谷寿雄訳, 1941 復刻 1986)『昆虫の社会生活』紀伊国屋書店.
Whitham, T. G. (1979) Territorial behaviour of *Pemphigus* gall aphids. *Nature* **279**: 324-375.
Wilson, E. O. (1971) *The Insect Societies*. Belknap Press of Harvard University Press, Cambridge, MS.
Wilson, E. O. (1975) (ウィルソン, E. O., 伊藤嘉昭監修, 坂上昭一ら訳 1993)『社会生物学 (合本版)』新思索社.
Wolff, J. O. & Macdonald, D. W. (2004) Promiscous females protect their offspring. *Trends in*

Ecology and Evolution **19**: 127-134.
Yamagishi, M., Itô, Y. & Tsubaki, Y. (1992) Sperm competition in the melon fly *Bactrocera cucurbitae* (Diptera: Tephritidae): Effects of sperm "longevity" on sperm precedence. *Journal of Insect Behavior* **5**: 599-608.
山岸　哲（編）(1986)『鳥類の繁殖戦略（上，下）』東海大学出版会．
山岸　哲 (1986) 鳥類の協同繁殖システムの起源．上記書の2巻．
山口典之 (2003) 鳥類における子の性比の適応的調節．遺伝別冊 No. 16『動物の社会行動』, pp. 119-126.
Yamaguchi, N., Kawano, K. K., Eguchi, K. & Yahara, T. (2004) Facultative sex ratio adjustment in response to male tarsus length in the varied tit *Parus varius*. *Ibis* **146**: 108-113.
Yamaguchi, Y. (1985) Sex ratios of an aphid subject to local mate competition with variable maternal condition. *Nature* **318**: 460-462.
山口陽子 (1986) 母親の産仔能力に応じた性比調節．数理科学 **80**: 26-34.
山村則男 (1986)『繁殖戦略の数理モデル』東海大学出版会．
山村則男・辻　宣行 (1991) 子育ては父か母か：進化ゲーム理論による解析．『遺伝』1991年10月号．
Yamamura, N., Hasegawa, T. & Itô, Y. (1990) Why mothers do not resist infanticide: A cost-benefit genetic model. *Evolution* **44**: 1346-1357.
Yamamura, N. & Tsuji, N. (1993) Parental care as a game. *Journal of Evolutionary Biology* **6**: 103-127.
山内克典 (1993) アリ類におけるオスの繁殖戦略．松本忠夫・東　正剛（編）『社会性昆虫の進化生態学』海游舎．
Yasui, I. (1997) A 'good-sperm' model can explain the evolution of costly multiple mating by females. *American Naturalist* **149**: 573-584.
Yasui, I. (1998) The 'genetic benefits' of female multiple mating reconsidered. *Trends in Ecology and Evolution* **13**: 246-250.
Yokoi, N. (1990) The sperm removal behavior of the yellow spotted longicorn beetle *Psacothea hilaris* (Coleoptera: Cerambydidae). *Applied Entomology and Zoology* **25**: 383-388.
Zahavi, A. (1975) Mate selection – A selection for a handicap. *Journal of Theoretical Biology* **53**: 205-214.
Zahavi, A. & A. 1997（アモツ・ザハヴィ，アヴィシャグ・ザハヴィ，大貫昌子訳，2001）『生物進化とハンディキャップ原理』白楊社．

索 引

■ 人名索引

和訳の本があるなどして，本文中に片仮名の名が出てくる人物はもとの綴りプラス片仮名の名とした．

Albon, S.D. 113
Alcock, J.（オルコック） 90, 161
Alexander, R.D. 37, 141
Altmann, J. 114
Andersson, M. 54, 57, 58, 59, 69, 73
青木重幸 43, 45, 46, 47
Arnqvist, G. 54, 71
Avilés, L. 35
Baker, R.R.（ベイカー） 88, 89, 161
Bakker, T.C.M. 63, 64
Balmford, A. 92
Balshine-Earn, S. 99
Bellis, M.A. 88, 89
Birkhead, T.（バークヘッド） 54, 77, 80, 86, 89, 91, 161
Blumer, L.S. 152
盆野峰崇 87
Boorman, E. 81
Brown, J.L. 120, 121
Burland, T.M. 141
Buss, D.M. 166
Carpenter, C.R. 149
Charnov, E.L. 103-105
Chen, P.S. 85
Choe, J.C. 35, 71
Christy, J.H. 67
Clutton-Brock, T.H. 74, 75, 111-113
Cook, P.A. 88
Crespi, B.J. 35, 49, 51, 71
Crockett, C.M. 152
Cruz, Y.P. 42
Curtin, R.A. 150, 153
Darwin, C.（ダーウィン） 1, 2, 3, 53, 54, 60, 62, 71
Davies, N.B.（デイビス） 54, 64, 65, 91, 118, 123
Dawkins, R.（ドーキンズ） 162, 163
Dolhinow, P. 150, 153
Dominey, W.J. 152
Drummond, III.B.A. 88
Duffy, J.E.（ダフィー） 50
Dybas, H.G. 40
Earn, D.J.D. 99

Eberhard, W.G. 54, 80, 90
Emlen, S.T. 115, 121, 123, 124
遠藤知二 35
Evans, H.E.（エヴァンズ） 11
Evans, J.P. 91
Fabre, J.H.（ファーブル） 38
Fisher, R.A.（フィッシャー） 3, 61-63, 106
Fossey, D. 152
Foster, W.A. 43
藤岡正博 125, 127
Gadagkar, R.（ガダカール） 30
Ginsberg, J.R. 92
Goodall, J.（グドール） 137, 155, 156
Gosling, L.M. 115
後藤 晃 105
Gould, S.J.（グールド） 160
Gross, M.R. 103-105
Guiness, F.E. 113
蜂須賀綾子 87
Hamilton, W.D.（ハミルトン） 3, 4, 6, 7, 9, 39, 49, 63, 64, 99, 100, 106, 107, 109
長谷川寿一 118, 154, 165
長谷川眞理子 53, 67, 74, 75, 97, 98, 115, 147-149, 151, 155, 156
服部伊楚子 47
Hausfater, G. 152
早川洋一 88
He, Y.（賀亦斌） 88
日比野由敬 58-60
東 和敬 83
日野輝明 105
Hiraiwa-Hasegawa, M. →長谷川真理子を見よ
Holland, B. 68, 69
Holmes, H.B. 109
Hrdy, S.B.（フルディ，ハーディ） 147, 150-153, 164
Huck, U.W. 92
Huxley, J. 53
Iason, G.R. 113
池田 啓 134
伊藤嘉昭 28, 29, 31, 43, 59, 134
岩淵喜久雄 42
岩橋 統 58-60

巌佐　庸　　65, 105, 107, 108
岩田久仁雄　　11-13
Jarvis, J.U.M.　139
Johnson, P.C.D.　47
垣花廣幸　59
上村佳考　71
粕谷英一　162, 163
川道武男　78, 80
河合雅雄　152, 153
Kent, D.S.　41
木村健治　47
木村資生　160
木野村恭一　100, 101
Kirkendall, L.A.　41
Kleiman, D.　129
小北智之　70
Komdeur, J.　115
近　雅博　38
河野勝行　37
Krackow, S.　115
Krebs, J.R.（クレブス）　54, 64, 65, 91, 118, 123
工藤起来　29
工藤慎一　51
蔵　琢也　89
黒須詩子　49
Lack, D.（ラック）　117, 126
Lawick, H. van（ラービック）　137
Lawrence, M.D.　75
Leland, L.　152
Lewontin, R.C.（ルウォンティン）　160, 161
Ligon, J.D.　123
Ligon, S.H.　123
Lin, N.　28
Lock, H.　152
Macdonald, D.W.　153
Mace, R.　165
前田泰生　16
前川光司　104, 105
牧野俊一　46, 47
Malcolm, J.R.　137, 138
Marten, K.　137, 138
Maschwitz, U.　45
増子恵一　19
桝本敏也　80
松浦健二　47
May, R.　160
Maynard Smith, J.（メイナード・スミス）　6, 95, 97-99
McFarland Symington, M.　112
Michener, C.D.　13-15, 17, 27, 28

Milinski, M.　63, 64
Milne, L.J.　38, 39
Milne, M.J.　38, 39
三浦慎悟　124, 125, 134
宮田　正　88
宮武睦夫　39
Mock, D.W.　152
Moehlman, P.D.　138, 139
Møller, A.P.（メラー）　91
Morris, M.R.　68
Mound, L.A.　51
Mulder, M.B.　166
Murie, A.　139
中島敏夫　40
中村雅彦　118
中嶋康裕　89
中園明信　70
Nee, S.　65
西田利貞　155
西谷いずみ　49
O'Connor, F.J.　126
Oates, J.F.　152
Oddie, K.　115
大原賢二　44
岡ノ谷一夫　67
Olsson, M.　91
小野知洋　84, 102
Packer, C.　148, 152
Pardi, L.（パルディ）　22, 24, 25, 30
Parker, G.A.　74, 81
Pomiankowski, A.　65
Pukowski, E.　37, 39
Pusey, A.E.　148, 152
Queller, D.C.　28-30, 34
Reed, A.　92
Rice, W.R.　68, 69
Rowe, L.　54, 71
Ryan, M.J.　66
斉藤　裕　33, 35, 37, 38, 51, 119
坂上昭一　13-17, 26, 27
Schaller, G.B.　135, 145, 146
Schjelderup-Ebbe, T.　24
Sekulic, R.　152
柴尾晴信　46
重田芳夫　126
嶋田正和　61
Silberglied, R.F.　87
Simmons, L.W.　54, 77, 84, 85
Simon, M.P.　152
Simpson, J.A.　41

182

Sinha, A.　30
Siva-Jothy, M.T.　55, 83
Smith, R.L.　77, 84
Snook, R.R.　92
Stern, D.L.　43
Strassmann, J.E.　28, 29
Struhsaker, T.T.　152
杉山幸丸　143, 144, 146-148, 153
鈴木芳人　107, 108
竹内久美子　162, 163
Tallamy, D.W.　91
田中　新　45
Taylor, V.A.　39
照屋　匡　80, 81
Thornhill, R.　55, 56, 64, 89, 90
Trivers, R.L.（トリバーズ）　72, 111, 166
椿　宜高　83, 88, 90, 102
土田浩治　29, 51
辻　和希（瑞樹）　20, 34
辻　宣行　74, 99
生方秀紀　83
上田恵介　119
Vincent, A.C.J.　74, 75
Vogel, C.　152

Vollrath, F.　35
Waage, J.K.　82
Warner, R.R.　75
渡辺　守　87, 88
Wedell, N.　88
West-Eberhard, M.J.　29, 37
Wheeler, W.M.（ホィーラー）　2, 9, 13, 17, 18
Whitham, T.G.　46
Willard, D.E.　111
Wilson, E.O.（ウィルソン）　6, 18, 34, 54, 129, 138, 147, 150, 159-161
Windsor, R.　38
Wolff, J.O.　153
Wrege, P.H.　123
山岸　哲　81, 90, 119, 120
山口典之　111, 114, 115
山口陽子　109, 111
山村則男　74, 99
山内吉典　100, 101
安井行雄　71
横井直人　84
吉田信代　37
Zahavi, A.（ザハビ）　62
Zucchi, R.　27

■事項索引
日本産種および良く通用している和名または私がつけた片仮名の名が本文に出てくるものの多くは学名を省略した．

Zuk, M.　63, 64
【ア行】
アオガラ　91
アオスジコハナバチ　15
アオマツムシ　83, 84
アカオザル Cercopithecus ascanius　148, 149, 152
アカギツネ　137
アカゲザル Macaca mulatta　149
アカコロブス Colobus badius　149
アカシカ　111-113, 131
アカホエザル Alouatta seniculus　148, 149
空き巣狙い（sneaker）　102, 104
アゲハタマゴバチ　106
アケボノアリ Sphecomyrma　18
アザミウマ（類）　33, 37, 46, 49, 50
　アザミウマの1種
　　Oncothrips habrus　49
　　Oncothrips tapperi　49
アザラシ　131

アシナガバチ（類）　5, 13, 22, 24, 25, 31, 95
　アシナガバチの1種
　　Agelaia visina　27
　　Metapolybia azteca　31
　　Metapolybia aztecoides　29
　　Mischocyttarus angulatus　27
　　Mischocyttarus basimacula　27
　　Parachartergus colobopterus　29
　　Polibia occidentalis　29
　　Polistes canadensis　27, 31
　　Polistes dominulus（旧gallicus）　24
　　Polistes fuscatus　25
　　Polistes gallicus　29
　　Polistes versicolor　27
　　Polybia occidentalis　29
　　Polybia paulista　29
　　Polybia scrobalis surinama　31
　　Polybia sericea　29
　　Protopolybia sp.　31
　　Ropalidia fasciata　22, 23, 25, 27, 28

Ropalidia g. gregaria 31
Ropalidia g. spilocephala 31
Ropalidia marginata 30
Ropalidia romandi 29
Ropalidia rufoplagiata 30
Ropalidia sp.nr. *variegata* 31
Synoeca septentrionalis 31
アシナガワシ 126
アシブトヒメグモの1種 *Anelosimus eximius* 35
亜社会性 11, 13, 34, 36, 37
アナバチ(類) 11
アヌビスヒヒ 124
アブラムシ(類) 43-47, 109
アフリカゾウ 132, 134
アマサギ 125, 127
アミメアリ *Pristomyrmex pungens* 20
アメリカカケス 120
アメリカトナカイ 131
アメリカヤマヒツジ 133
アライグマ科 137
アリ(類) 1, 18-21, 33
アレクサンダーツノアブラムシ 45
アワヨトウ 88
安全保障仮説 (safe assurance hypothesis) 75
アンブロシャ菌 40
アンブロシャ甲虫 34, 38, 40, 41, 46
　アンブロシャ甲虫の1種 *Austroplatypus incompertus* 41
ESS 95, 97, 98, 100, 105, 106
イースト 34
異型精子 87, 88
イスノタマフシアブラ *Metanipponaphis* sp. 49
イスノフシアブラムシ *Nipponaphis distyliicola* 48, 49
異性間淘汰 53-55, 74
イソウロウグモ *Argyrodes* 35
イタチ科 137
イチジクコバチ(類) 99, 100
一括給食 11, 13
一妻多夫 119
一夫一妻 117-120, 129-131, 137, 165
一夫多妻 117-119, 129, 132, 143, 148, 149, 151, 152, 154, 155
遺伝的多様性 118
イトヨ(トゲウオ) 63, 64
イトヨの寄生虫 *Ichthyophthirius multifiliis* 63
イヌ科 129, 134, 137
イヌビワコバチ 99
イヌワシ 126

イノシシ 131
イワヒバリ 118
インパラ 132
ウシ 131
ウシレイヨウ 133, 137
ウスバシロチョウ 78
ウマ 131
ウミネコ 129
ウリミバエ 58, 59, 80, 81, 83, 89, 90
衛星オス 104
egg damping 仮説 115
エナガ 119, 120
エビ目 34
エゾスジグロシロチョウ 88
オオエチビハナバチ 15, 16
オオカバフスジドロバチ 10
オオカミ 129, 137-139
オオズアカアリの1種 *Pheidole tepicana* 2
オオセンチコガネ 37
オキナワチビアシナガバチ *Ropalidia fasciata* → アシナガバチの1種を見よ
オキナワツヤハナバチ 11
オシドリ 71
オスグループ 133, 143
オスの美しさの進化 60-75
オナガ 119, 120, 123
親による操作 141, 146
親の投資 72, 73

【カ行】
カイガラムシ(類) 7
カオムラサキラングール *Presbytis senex* 148, 149, 151
ガガンボモドキ 55, 56, 64, 89
　ツマグロガガンボモドキ *Hylobittacus apicalis* 90
カギバラハリアリ属 19
革翅目 37
カケス(類) 119-121
カスト制 130
カッショクハイエナ 136
カニクイアザラシ 130
カバ 131
カブトムシ 55
カミカゼ精子 88, 161
カメムシ(類) 55
カモシカ 129
カヤクグリ 119
狩り 135-137
カワウ 119

184

感覚便乗モデル　　60, 65, 69
カンシャワタムシ *Ceratovacuna lanigera*　　45
キイロショウジョウバエ　　85
キイロタマゴバチ　　106
キイロヒヒ　　112, 114
キオビコハナバチ　　15
キクイムシ科　　40
キジ　　117
キツネ　　131
キバチ　　10
キバハリアリ　　18
　　キバハリアリの1種 *Myrmecia gulosa*　　18
ギフチョウ　　78, 79
キボシカミキリ　　83, 84
ギャゼル　　132
キャンベルモンキー *Cercopithecus campbelli*　　149
求愛給餌　　118
求愛ダンス　　63
求愛特性抵抗性　　69
給餌　　130
キョウソヤドリコバチ　　109
兄弟殺し　　125-127
共同育仔　　35
協同的多雌性仮説　　30
共同保育　　136
局所的資源競争　　111, 114, 156
局所的配偶競争　　107
キョン　　131
キンウワバトビコバチ *Copidosoma floridanum*　　42
近親交配　　34
偶蹄目　　131
クサボタンワタムシ　　44, 45
クジャク　　53, 61, 71
グッピー　　91, 92
クマ科　　137
クモ　　34, 80
　　クモの1種 *Schizocosa ocreata*　　69
クロオジカ　　131
クロオブレーリードッグ　　130
クロクモザル　　112
クロコシジロワシ　　126, 127
クロシロコロブス *Colobus guereza*　　149, 151, 152
クロツヤムシ *Odontotaenius* (旧*Popilius*) *disjunctus*　　39
クロツヤムシ科　　37
クロフマエモンコブガ *Nola innocua*　　47, 48
ゲーム(の)理論　　95, 99, 107

血縁度　　5, 7, 8, 27, 29-31, 33, 34, 45, 50, 51, 101, 122-124, 127, 136, 141, 153
血縁淘汰　　3, 6, 28, 31, 33, 45, 121, 147
血縁淘汰説　　6, 29, 34, 63
げっ歯目　　80, 129
ゲラダヒヒ　　151, 152
原猿類　　129
コウシュンツノアブラムシ　　45
甲虫　　34, 37, 55, 85
交尾栓　　77-80, 85, 91, 93
コオロギ(類)　　37, 85
コガシラキバイクワガタ *Chiasognathus grantii*　　54
コガネムシ　　10, 37
コクホウジャク *Euplectes progne*　　57, 58, 60, 61
ゴクラクチョウ(類)　　71
子殺し　　127, 134, 143, 145, 148-150, 152, 153, 155, 156, 164
コシジロキンパラ　　67
コシボソバチ亜科　　13
コシンクイ　　40
孤独性　　11
コハナバチ　　15, 16
コバネハサミムシ *Euborellia plebeja*　　71
コブハサミムシ　　37
ゴマフアザラシ　　130
コヨーテ　　129
ゴリラ　　148, 149, 152
コロブス　　152
婚姻贈呈　　55, 57
コンソート関係　　117

【サ行】
サイ　　131
細胞性粘菌 *Dictyostelium*　　34
サギ　　129
ササコナツノアブラ　　45
サブソシアル・ルート　　9, 13, 17, 18
サル(類)　　131, 148, 150, 151
サンフィッシュ　　103, 104
シオカラトンボ　　85, 86
シオカラトンボ属 *Orthetrum*　　82, 83
シカ(類)　　55, 132
雌性単為生殖　　20
自然淘汰　　2, 20, 56, 62, 63, 159, 163
実効性比　　99
シデムシ(類)　　37
シマハイエナ　　136
社会性クモ　　34, 35
ジャッカル　　137, 138

シュウカクシロアリ科　21
周期的女王少数化(cyclical oligogyny)　29, 31
集合繁殖　121
ジュウシマツ　67
雌雄の対立　70
雌雄対抗モデル(チェイスアウェイモデル, chase-away model)　60, 67-69
授乳　130, 135, 147
順位　111-114
順位制　14, 24, 25, 30, 95
生涯繁殖成功　113, 166
ショウジョウバエ(類)　55
女王　1, 18, 19, 20, 29, 30
女王エビ　51
食虫目　130
食肉目　130, 131, 134, 152
食卵　105
シリアゲムシ目　55
シリアゲムシ　64
ジリス　130
シルバールトン *Presbytis cristata*　149
シロアリ(目, 類)　1, 6, 7, 18, 21, 22, 33, 39, 42
シロビタイハチクイ *Merops bullockoides*　123, 124
ジンガサハムシ　37
　ジンガサハムシの1種 *Achromis bisparsa*　37, 38
進化的に安定な戦略(進化的安定戦略)　97, 159
真社会性　6, 7, 11-13, 16-18, 20, 31, 33-35, 37, 38, 41, 42, 45, 47, 49, 51, 139, 141
真社会性昆虫　1, 119, 133
随時給食　13, 37
スズメ(類)　80, 117-119
スズメバチ　1, 11, 13, 22, 33
ステラーカケス　121
スナカナヘビ *Lacerta agilis*　91
スネマガリシデムシ *Nicrophorus vespillo*　37, 39
巣分かれ創設　22, 31
精子競争　51, 54, 77, 85, 88, 89, 92, 118, 156
精子除去　71
精子置換　77, 82, 83
精子優先度P_2　80, 81
生存率　123, 126
性淘汰　53, 54, 56, 61, 156, 166
性淘汰説　55, 146, 147, 150, 152
性比　7, 51, 105-107, 110-115
セーシェルヨシキリ　115
segregation distortion仮説　115
セグロジャッカル　137, 139

セッカ　119
ゼブラネズミ　130
セミソシアル・ルート　16
潜在的繁殖速度　74, 75
選択流産　115
セントピーターズフィッシュ　99
ゾウ　131
ゾウアザラシ　55, 60
早性ひな型(precocial)　117
ソードテール　66
　ソードテールの1種 *Xiphophorus helleri*　66
　ソードテールの1種 *Xiphophorus nigrensis*　68
　ピグミーソードテール *Xiphophorus pygmaeus*　67
　プラティ *Xiphophorus maculatus*　66
側社会性　25
ソレノドン(食虫目)　130

【夕行】
ダイコクコガネ　37
ダイトリシアン(ditrysian)　78
第2卵保険説　127
タイワンアリハナバチ *Allodape sauteriella*　11, 12, 13
タイワンヒメツヤハナバチモドキ　11
タカサゴシロアリ　21
タカ派戦略　95, 96
タケカブリダニ　36
タケスゴモリハダニ　36
タケツノアブラムシ *Pseudoregma bambucicola*　44, 45
多雌創設(pleometrosis)　22, 25, 27
単雌創設(haplometrosis)　22, 27
多女王制　31, 133
ダチョウ　117
多夫一妻　117, 118
ダマラランドモグラネズミ *Cryptomys damarensis*　141
タマリン　131
多雄多雌→複雄複雌を見よ
単為生殖
単数・倍数性　7, 8, 33, 34, 50, 101, 110, 115
単雄複雌　148, 149(一夫多妻も見よ)
チチュウカイミバエ　85
チビアシナガバチ(属) *Ropalidia*→アシナガバチを見よ
長鼻目　131
直翅目　37
チンパンジー　118, 149, 152, 154-157

ツチバチ　　10, 18
ツノアブラムシ　　45
ツノクロツヤムシ　　38
ツノグロモンシデムシ　　38
ツバメ　　119
ツマグロガガンボモドキ *Hylobittacus apicalis*　　55, 56
DNA指紋法　　50, 51, 91
differential investment仮説　　115
適応戦略　　147, 152, 153
適応度　　3, 4, 5, 25, 28, 30, 71, 95, 111, 112, 122, 136, 147, 154, 159, 165, 166
適応度保障機構（assured fitness returns）　　30
Dendrobates科（矢毒ガエル）　　73
テッポウエビ　　34, 51
　　テッポウエビの1種 *Synalpheus filidigitus*　　50, 51
　　テッポウエビの1種 *Synalpheus regalis*　　51
テナガザル　　129, 131
テングカワハギ *Oxymonacanthus longirostris*　　70
テントウムシ（類）　　45
同性内淘汰　　53, 54, 55, 74, 111
トウヨウホソアシナガバチ　　25
トゥンガラガエル *Physalemus coloradorum*　　65, 67
トゥンガラガエル *Physalaemus pustulosus*　　65
独立創設　　22, 27, 30
トドノネオオワタムシ　　109, 110
トビコバチ科　　33
　　トビコバチの1種 *Copidosoma tanytmemus*　　41, 42
ドロトサカワタムシ　　46
ドロバチ　　11
トンボ（類）　　82-84

【ナ行】
内的自然増加率　　154
ナガキクイムシ科　　37, 40
ナマケコハナバチ　　16
ナミアゲハ　　87
縄張り　　73, 97, 102, 120, 124, 131, 133, 135, 136
ニホンザル　　118, 149, 154
ニワトリ　　63, 80
人間心理学　　165
人間の繁殖戦略　　166
ネコ　　134
ネコ上科　　129, 134
ネズミ　　131, 152
粘菌　　34

ノコギリハリアリ *Amblyopone silvestrii*　　19
ノシメコクガ　　41

【ハ行】
ハイイロアザラシ　　130
ハイエナ科　　136
配偶者選択　　55, 56, 58, 60, 71, 74, 89, 92, 166, 167
倍数性　　8, 51, 115
バク　　131
ハダカアリ　　99-101
ハダカモグラネズミ *Heterocephalus glaber*　　130, 139, 141
ハダカデバネズミ（上を見よ）
ハダニ　　7, 36
ハチ目　　7
ハチ（類）　　9-17, 21, 33, 42, 50, 106
バッタネズミ　　130
ハッチョウトンボ　　101, 102, 104
ハト派戦略　　95, 96
ハナバチ（類）　　7, 11, 15, 25, 33
ハヌマンラングール　　143-145, 147, 148, 149, 150, 152, 156, 164
ハネカクシ　　37
ハバチ（類）　　10
ハムシの1種 *Diabrotica undecimpunctata howardi*　　90
ハラアカアナバチ　　10
パラソシアル・ルート　　14, 16, 17
ハリナシバチ　　13
ハレム　　130, 132
バン　　119, 120
繁殖カスト　　1, 21, 39, 45
繁殖成功　　3, 71, 72
繁殖メス　　140
晩性ひな型（altricial）　　118
ハンディキャップ説　　60, 61, 63, 65
ビーバー　　129, 130
ピグミーチンパンジー　　132
ピグミーソードテール→ソードテールを見よ
ヒヒ　　149, 154, 155
ヒメハラナガツチバチ　　10
ヒョウ　　136
ひれ脚目　　130
フィッシャーの性比　　105
フェロモン　　22, 56, 135, 141, 152
武器　　55
複婚（polygyny）　　117
複雄複雌　　148, 149, 154
フサカケス　　120, 121

フシアブラムシ　46
父性ゲノム消失(paternal genome loss: PGL)　7
ブチハイエナ　136
不妊カスト　45
不妊虫放飼法　59
プラティ→ソードテールを見よ
ブルーギル・サンフィッシュ　103, 104
ブルース効果　152
ブルーモンキー *Cercopithecus mitis*　149
フロリダ産ヤブカケス　120, 121
ペア外交尾(extrapair copulation, EPC)　77, 118
平衡性比　107
兵隊アブラムシ　42-46
兵隊カスト　21, 45-47
ベッコウバチ　11, 35
ヘビ　80
ヘルパー　119-124, 136-139
ペンギンチョウ　127
変動非対称性(fluctuating asymmetry)　64
包括適応度　3, 6, 27, 30, 45, 107, 112, 121-123, 127, 136, 147, 154, 159
ホオアカ　119
ホクダイコハナバチ *Lasioglossum dupilex*　13
ボタンヅルワタムシ *Colophina clematis*　43, 45
哺乳類　129, 130, 131

【マ行】
マウンテンゴリラ *Gorilla gorilla*　149
マツカケス　120
マメジカ　131
マメレイヨウ　131
マルハナバチ(類)　13
マングース　124, 129
マントヒヒ　150
マントホエザル *Alouatta palliata*　148, 149
ミーアキャット　129
ミゾガシラシロアリ科　21
密度制御機構　146
密度調節　153
ミツバチ　1, 11, 13, 22
ミドリコハナバチ *Halictus tumulorum*　15, 16
ミドリモリヤツガシラ　123
ミヤベイワナ　104
ミヤマカワトンボの仲間 *Calopteryx maculata*　82
無核精子　87, 88
ムカシアリ　19

ムクゲキノコムシ *Ptinelloides leconti*　39, 40
ムクゲキノコムシ科　37, 40
ムクドリ　119
ムササビ　78, 80
メキシコカケス　120, 121, 123
雌による隠れた選択(cryptic female choice)　86, 89, 91, 92
モンシデムシ(*Nichrophorus*属)　37
モンシロチョウ　88

【ヤ行】
ヤセザル　143
矢毒ガエル　73
　矢毒ガエルの1種 *Dendrobates auratus*　73
ヤノイスアブラムシ *Neothoracaphis yanonis*　48
ヤブサメ　119
ヤマガラ　114
ヤマトツヤハナバチ　17
ヤマヒツジ(類)　132
有核精子　87
雄性単為生殖(arrhenotoky)　7, 20
有袋類　80
有蹄類　129, 131, 132
ヨコスジカジカ *Hemilepidotus gilberti*　87, 88

【ラ行】
ライオン　136, 137, 145, 146, 148, 150
ライチョウ　117
ラクダ　131
ラット　86
乱婚　117, 118, 129, 152
ランナウェイ説　60, 62, 63, 69
リーダー　132, 137, 143-145
リカオン　137, 138
利他行為　4, 5, 6, 120, 122, 159
流産　152
良質遺伝子説　60, 61, 63, 65, 69
両性同時進化モデル　60
レイヨウ(類)　131, 132
resorption仮説　115
労働カスト　1, 2
ロマンドチビアシナガバチ *Ropalidia romandi* → アシナガバチの1種を見よ

【ワ行】
ワーカー　39, 133, 141
ワシタカ目　126
ワタアブラムシ *Pemphigus betae*　46

編著者紹介

伊藤嘉昭（いとう　よしあき）（理博）
1930年　東京に生まれる
1950年　東京農林専門学校農学科卒業
現　在　名古屋大学名誉教授

主な著訳書
『比較生態学』岩波書店（1959），『動物生態学（上・下）』古今書院（1976），『比較生態学・第2版』岩波書店（1978），"Comparative Ecology" Cambridge University Press（1980），『動物の個体群と群集』（共著）（1980），『動物の社会行動』（1982）『狩りバチの社会進化』（1986）『生態学と社会』（1994）以上東海大学出版会，E. ピアンカ『進化生態学』（監訳）蒼樹書房（1980），『動物生態学　新版』（共著）海游舎（2005），"Behaviour and Social Evolution of Wasps" Oxford University Press（1993），『熱帯のハチ：多女王制のなぞを探る』海游舎など

装丁　中野達彦
制作協力　株式会社テイクアイ

新版　動物の社会──社会生物学・行動生態学入門
2006年8月20日　第1版第1刷発行

編著者　伊藤嘉昭
発行者　高橋守人
発行所　東海大学出版会
　　　　〒257-0003　神奈川県秦野市南矢名3-10-35
　　　　　　　　　東海大学同窓会館内
　　　　TEL 0463-79-3921　FAX 0463-69-5087
　　　　URL http://www.press.tokai.ac.jp/
　　　　振替　00100-5-46614
印刷所　港北出版印刷株式会社
製本所　株式会社石津製本所

ⓒ Yosiaki Itô, 2006　　　　　　　　　　　ISBN4-486-01737-4
Ⓡ〈日本複写権センター委託出版物〉
本書の全部または一部を無断で複写複製（コピー）することは，著作権法上の例外を除き，禁じられています．本書から複写複製する場合は日本複写権センターへご連絡の上，許諾を得てください．日本複写権センター（電話 03-3401-2382）